After Effects
+ Runway影视后期
与AI视频制作
从入门到精通

2024

高立志　于婷婷◎编著

北京大学出版社
PEKING UNIVERSITY PRESS

内 容 提 要

After Effects（简称 AE）作为业界领先的视频特效合成软件，对于影视后期编辑人员来说是一款必学的软件。AE 在电视包装、特效制作等数字媒体领域应用广泛，且发展潜力巨大。随着 AI 时代的到来，本书结合 AE 与 AI 视频制作技术，深入讲解影视动画领域的核心技能及最新发展趋势。

本书精心规划了 10 章内容，旨在循序渐进地引导读者了解 AE 的各个功能模块，并在实际操作练习中掌握从基础实践到高级技巧的全方位知识。值得一提的是，本书最后一章将探索当前热门的 AI 视频制作工具 Runway，使读者不仅能够掌握传统的视频制作技术和流程，还能接触到前沿的 AI 技术应用。

通过对本书的学习，读者将开启数字媒体编辑与创作的新篇章，体验虚拟与现实结合的奇妙旅程。即使对特效合成或数字媒体行业尚无了解的新手，本书也能提供思路，帮助他们创作出精彩的作品。

图书在版编目（CIP）数据

After Effects 2024+Runway 影视后期与 AI 视频制作从入门到精通 / 高立志，于婷婷编著 . -- 北京：北京大学出版社，2025. 3. -- ISBN 978-7-301-35951-8

Ⅰ . TP391.413

中国国家版本馆 CIP 数据核字第 20255KQ484 号

书　　　名	After Effects 2024+Runway影视后期与AI视频制作从入门到精通
	After Effects 2024+Runway YINGSHI HOUQI YU AI SHIPIN ZHIZUO CONG RUMEN DAO JINGTONG
著作责任者	高立志　于婷婷　编著
责 任 编 辑	孙金鑫
标 准 书 号	ISBN 978-7-301-35951-8
出 版 发 行	北京大学出版社
地　　　址	北京市海淀区成府路205号　100871
网　　　址	http://www. pup. cn　新浪微博：@ 北京大学出版社
电 子 邮 箱	编辑部 pup7@pup.cn　总编部 zpup@pup.cn
电　　　话	邮购部 010-62752015　发行部 010-62750672　编辑部 010-62570390
印 刷 者	北京宏伟双华印刷有限公司
经 销 者	新华书店
	787毫米×1092毫米　16开本　12.75印张　375千字
	2025年3月第1版　2025年3月第1次印刷
印　　　数	1-3000册
定　　　价	89.00元

PREFACE 前言

在数字媒体的浪潮中,视觉效果元素已成为讲述故事、传递信息和创造体验的关键元素。随着技术的进步,特效合成不再局限于好莱坞大片,它已经渗透到我们日常生活的每一个角落,从社交媒体上的短视频到商业广告,都能看到它的身影。视频特效合成软件 After Effects(简称 AE)和 AI 视频制作工具 Runway 作为这一变革的先锋,为有创意的人士提供了强大的创意平台,从而实现他们的视觉构想。

本书旨在探索 AE 合成软件与 AI 视频生成技术相结合的技巧,揭示 AE 强大的功能和无与伦比的灵活性。无论是初学者还是有经验的用户,本书都能提供无限的可能性,让大家能够将创意转化为现实。

本书将从 AE 的基础知识开始,逐步引导读者了解软件的界面、工具以及核心功能。随着内容讲解的深入,书中将探讨关键帧动画、跟踪等高级核心技术,并结合实战案例,对学习的技能进行综合训练。根据未来的发展趋势,书中还介绍了专业级 AI 视频制作工具 Runway 的功能和实战案例。

本书通过一系列实战案例的制作和分析,涵盖文字动画、三维特效、产品广告等多个方面,展示了 AE 在不同领域的应用。这些案例将帮助读者理解在实际工作中如何运用 AE 的各种功能,以及如何解决创作中的各种问题。书中最后一章还将 AE 与 AI 视频制作工具结合,展望了 AI 技术的发展对未来内容创作的影响,并告诉读者如何通过不断学习和实践来保持自己的竞争力。

通过学习本书,相信读者能够更自信地运用 AE 和 AI 视频制作工具创造出令人惊叹的视觉效果,并在数字媒体的世界中留下自己的印记。

让我们一起开启这段探索之旅,发现 AE+AI 影视动画合成的无限魅力!

温馨提示

本书附赠资源可用微信扫描右侧二维码,关注微信公众号并输入本书第 77 页的资源下载码,根据提示获取。

博雅读书社

CONTENTS 目录

第 1 章

影视基础概述

视频制作不仅是一项技术，它还是一种强有力的个人表达方式，让人们能够通过视觉媒介向他人乃至整个世界传达自己的观点和感受。为了更深入地理解视频制作，我们需要探索视频的起源，以及不同视频格式如何影响信息的传播。现在，让我们一起揭开视频的神秘面纱，深入了解它的秘密。

1.1 视频的由来

下面我们将介绍视频的发展史，了解从黑白电视到彩色电视，再到电影的形成过程，这是影视从业者需要了解的基本知识。在电视的发展历程中，逐步出现了很多新的词汇，比如隔行扫描、逐行扫描、帧速率、电视制式等。这些内容对后期的视频制作有着重大的影响。

1.1.1 黑白电视的诞生与发展

黑白电视的诞生可以追溯到20世纪初，当时的电视技术正处于探索和实验阶段。1925年，英国科学家约翰·洛吉·贝尔德（见图1-1）成功地发明了世界上第一台黑白电视机，这标志着人们步入了电视媒体时代。

图1-1

随着时间的推移，黑白电视逐渐发展成为一种新的媒体形式，它在家庭和社会中的影响力逐步扩大。1958年，我国制造出了第一台黑白电视机，开启了我国电视业的新纪元。这一重要时刻见证了我国电视技术的蓬勃发展，也为人们带来了全新的娱乐和信息传播方式。

最初的黑白电视使用了机械扫描技术，这种方法通过机械装置对图像进行扫描并将其转化为电信号，然后接收器将这些信号还原成图像，并以"帧"的形式显示，最终形成完整的画面。于是，黑白电视机开始普及，人们用它来收看电视台的节目。这标志着机械扫描技术在当时取得了重要的突破，但同时也存在一些弊端，比如画面不清晰、分辨率有限等。

随着电子技术的不断发展，电子扫描技术逐渐取代了机械扫描技术，为电视技术的进步创造了更大的空间。电子扫描技术通过电子束的方式扫描图像，能够更精确地捕捉图像的细节，从而实现了更高质量的图像显示。电子扫描技术的应用提升了电视画面的清晰度和精度，为观众创造了更逼真的视觉体验。它不仅改进了黑白电视，还为彩色电视的出现奠定了基础。电子扫描技术的引入推动了电视技术的进步。

1.1.2 有声电视的出现

20世纪50年代初，随着黑白电视的盛行，人们开始不满足于黑白画面的观看，还希望能够听到与画面相协调的声音，以获得更为沉浸式、丰富多彩的观影体验。这种需求引起了有声电视技术专家的广泛关注和积极研发。

有声电视技术专家们开始思考如何在电视系统中同时传送图像和声音信号，以实现观众的多感官参与。他们通过在电视系统中加入音频信号传输的能力，让视频信号与声音信号同时传送，使观众能够在观看节目的同时，听到与画面相匹配的声音。有声电视的出现，使观众的体验更加立体而丰富。通过声音，观众能够更加深入地感知角色的情感、情节的发展以及环境的氛围。影片中角色的对白、环境的音效、音乐的伴奏等，都能够通过声音传递给观众。这种声音与图像的完美结合，为电视节目赋予了更多的情感共鸣，让观众更容易与角色产生情感联系，并且更容易被故事吸引。

有声电视技术的引入推动了电视节目创作和制作水平的提升。制作人员不仅需要考虑画面的呈现，还需要精心设计声音的运用，使声音与图像相得益彰，共同构建一个逼真、引人入胜的世界。这使电视节目的制作变得更加复杂，但也使其更具影响力和感染力，激发了创作者们更大的创作激情。有声电视的兴起标志着电视技术迈向了一个崭新的时代，为观众带来了更加综合、感性的视听体验。观众不再局限于单一的视觉感受，而是能够通过多样的声音元素，更为全面地感知和理解故事的情感和内涵。这一技术的引入为娱乐界带来了革命性的改变，将电视技术从单一的视觉效果升华为更为多元、立体的有声形态，为未来的电视技术发展打下了坚实的基础。

1.1.3　彩色电视的崛起

随着科技的迅猛进步，电视技术迎来了一次又一次的革新，其中彩色电视的崛起堪称革命性的里程碑。这一突破不仅丰富了观众的视觉体验，也彻底改变了娱乐和信息的传递方式。1953年，彩色电视机正式在美国面世。这个重要的时刻成了电视技术发展史上的一个转折点。彩色电视的出现带来了令人眼前一亮的画面显示效果，把丰富多彩的视觉元素混合到了原本的黑白画面里，给观众带来了全新的感官享受。

彩色电视采用了三原色相加的技术，这项技术的核心理念是将三种基本颜色（红、绿、蓝）的光信号以不同的强度混合，从而产生各种不同的颜色。通过精确调整这些颜色的强度和比例，彩色电视可以还原出各种各样的颜色，从而为观众呈现出五彩斑斓的图像，这也是视频后期调色时一直与这三种颜色打交道的原因。

1.1.4　电影的演进与革新

电影作为一种艺术和媒体形式，自问世以来一直在不断演进和革新。从最初的黑白无声片到如今的高科技3D影片，电影业的历程见证了科技、创意和艺术在电影领域的无限交织，为观众带来了不同寻常的视听盛宴。

电影的起源可以追溯到19世纪，当时的电影是无声、黑白的，想必查理·卓别林大师的作品大家没有看过也多少听说过。

通过连续播放静止画面的方式，电影创造出了一种动态的效果，让观众感受到前所未有的沉浸式体验。随着技术的不断提升，电影逐渐加入了声音。观众不仅通过视觉，还能通过听觉更深入地理解故事。这标志着电影从无声到有声的革命，也为电影的叙事方式开辟了全新的空间。然而，电影技术的进步远未停止。20世纪后半叶，电影业迎来了数字时代的浪潮。计算机生成图像（CGI）技术的引入，使电影中的特效和画面愈加逼真，让观众仿佛置身于虚拟世界。《阿凡达》《复仇者联盟》等大片，都凭借其惊人的视觉效果在电影史上留下了浓墨重彩的一笔。随着技术的不断进步，我们可以期待电影未来的更多可能性，这个绚丽多彩的电影世界还将为我们带来更多的惊喜和感动。而近年来数字媒体兴起，如抖音、快手等已经成为年轻一代沟通和展示自我形象的重要平台。如果想从自娱自乐的状态转到制作专业的视频领域，需要我们掌握视频制作的技术。

1.2　隔行扫描与逐行扫描

隔行扫描和逐行扫描是涉及电视图像生成和显示的不同扫描方式。它们在电视技术中起着关键作用，影响着图像的质量、流畅度以及观众的观看体验。

1.2.1　隔行扫描

隔行扫描是一种早期的图像扫描方式，它将图像分成两个部分：偶数行和奇数行。在工作时首先扫描奇数行的图像，然后扫描偶数行的图像，两次扫描的时间间隔短，速度快。由于人眼的视觉暂留效应，因此观众会感觉到整个图像是连续的。隔行扫描的弊端在于处理快速移动的物体或高速的动作时，可能会导致图像出现闪烁和不稳定的问题，从而影响观看体验，如图1-2所示。

图1-2

1.2.2 逐行扫描

随着高清数字显示技术的兴起，逐行扫描逐渐成为主流趋势。这是因为逐行扫描在提供更加稳定和连续的图像方面具有显著优势，尤其是在高分辨率的情况下。逐行扫描可以通过逐一扫描每一行像素，有效地减少图像闪烁和不稳定的问题，为观众呈现更为清晰和流畅的画质。由于数字技术的快速发展，逐行扫描在电视领域的地位也愈发稳固。数字信号传输的特性使其与逐行扫描更加契合，使图像传输更为精准，可以呈现出更高质量的画面效果。这对于高分辨率和4K技术的逐渐普及起到了重要的推动作用。

1.3 帧速率与电视制式

帧速率（Frames Per Second，FPS）表示每秒播放的图像帧数。电影的帧速率为24帧/秒，电视节目的常见帧速率为25帧/秒、30帧/秒、60帧/秒等。帧速率直接影响到视频或电视画面的流畅度和视觉效果。例如，在拍摄快速运动的对象时，较高的帧速率能够提供更为流畅的画面。以电影画面为例，常规电影的帧速率是24帧/秒，即1秒的视频能拆出24帧连续的图像，如图1-3所示。

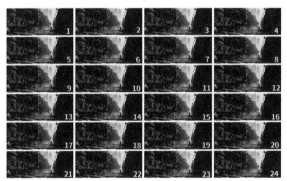

图1-3

> **提示**
>
> 由于视频媒体的高速发展，逐行扫描已经代替了隔行扫描，我们在网络平台上看到的视频几乎都是逐行扫描。

逐行扫描的特点如下。

- **提升图像质量**：逐行扫描能够逐个像素地扫描整个屏幕，便于在高分辨率和高速运动的情境下，提供更高质量、更稳定的图像。
- **消除运动模糊**：逐行扫描在显示运动图像时，能够减少运动模糊的出现。由于每一帧都包含了完整的图像内容，因此在显示快速运动的物体时能够更准确地捕捉细节，提供更清晰的画质。
- **支持高分辨率**：高分辨率的图像需要更多的像素来呈现，逐行扫描可以逐个像素地显示图像，因此能够更好地支持高分辨率的显示需求。

总之，隔行扫描和逐行扫描在不同的应用场景中都有其独特的作用。随着技术的发展，逐行扫描逐渐成为主流，因为它在提供高质量、高分辨率图像以及满足现代数字技术需求方面更具竞争力。

> **提示**
>
> 帧速率代表画面的连续性或流畅程度。帧速率越高，画面越流畅，但它与画面的清晰度无关。

电视制式是指电视图像或声音信号所采用的一种技术标准，包括图像分辨率、帧速率、扫描方式等。不同国家和地区会采用不同的电视制式，常见的有NTSC制式和PAL制式。只有遵循一样的技术标准，才能正常播放电视节目。

1. NTSC制式

NTSC制式是由美国国家电视标准委员会在1952年制定的彩色电视广播标准，在美国、加拿大、日本、韩国等国家使用。NTSC制式的帧速率并非严格的30帧/秒，而是采用近似值29.97帧/秒，以保证与电力频率的同步。

2. PAL制式

欧洲和一些亚洲国家采用的是PAL制式，帧速率为25帧/秒。PAL制式的帧速率相对较低。

帧速率在很大程度上与电视制式相关。不同的电视制式规定了不同的帧速率，这是为了适应不同地区的电视技术和传输标准。这些参数的选择，旨在保证播放的流畅性和画面质量，同时考虑了地区特定的电力频率。

1.4 视频的分辨率

视频的分辨率是衡量视频画面清晰度的重要参数，它表示视频中水平和垂直方向上的像素数量，直接影响画面的细节和清晰度。比如1920×1080，表示水平方向为1920个像素点，垂直方向为1080个像素点，所以分辨率越高，画面就越清晰。画面中的每一个小方格代表一个像素点，如图1-4所示。

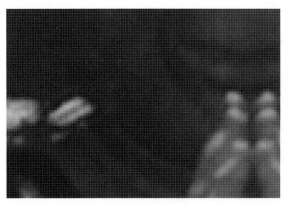

图1-4

在数字时代，不同的设备和应用需要使用不同的视频分辨率，常见的视频分辨率类型如下。

（1）SD（标清）：典型的SD分辨率为720×480（NTSC制式）或720×576（PAL制式），适用于传统的标清电视。

（2）HD（高清）：其分辨率通常包括1280×720（720p）和1920×1080（1080i或1080p），能够提供更高的清晰度和细节。其中i代表隔行扫描视频，p代表逐行扫描视频。

（3）Full HD（全高清）：其分辨率为1920×1080，适用于大屏幕电视和显示器，提供更高质量的画面。

（4）4K：也称超高清（Ultra High Definition, UHD），其分辨率为3840×2160，是一种高分辨率视频，适用于大屏幕电视和高端显示器。

（5）8K：其分辨率为7680×4320，是更高级别的分辨率，提供出色的清晰度和细节，适用于超大屏幕和专业制作。

不同分辨率大小示意，如图1-5所示。

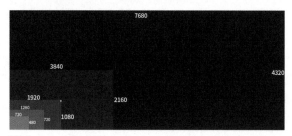

图1-5

视频分辨率是衡量视频画面清晰度的重要参数，直接影响着电视节目的观看效果。在大屏幕上，较高的分辨率使画面细节更加高清，效果更加显著。高分辨率的视频适用于高质量的电影、电视节目、游戏和专业制作，能够提供更为逼真的视觉感受。然而，高分辨率也需要更大的存储和传输带宽，因此在选择视频分辨率时需要考虑设备和应用是否能满足需求。

1.5 常见的视频格式

视频格式是用来存储和编码视频数据的规范，不同的视频格式支持不同的压缩算法和编码方式，影响着视频文件的大小、质量和播放兼容性。在数字时代，有许多视频格式，下面将对其中一些常见的视频格式进行介绍。

1. MPEG

动态图像专家组（简称MPEG），是制定数字视频和音频编码标准的国际组织。其成果包括多种视频格式，如MPEG-1、MPEG-2、MPEG-4等。

MPEG-1是最早的MPEG标准之一，适用于VCD等低分辨率视频。虽然现在不常用，但它为后续的MPEG标准奠定了基础。

MPEG-2主要应用于DVD、蓝光光盘等广播和储存媒体，支持更高的分辨率和码率，广泛应用于广播和视频存储。

MPEG-4是一个更为复杂的标准，支持更高级别的压缩和编码，常用于互联网视频、流媒体和视频通话。

2. AVI

AVI是一种常见的多媒体容器格式，可以容纳多种编码方式的视频和音频数据。它在Microsoft Windows系统中得到广泛应用，但由于其文件较大、压缩效率较低，逐渐被更先进的格式取代。

3. MP4

MP4是一种流行的数字多媒体容器格式，广泛应用于互联网视频、移动设备和流媒体，比如抖音、快手及各种视频门户网站等。它可以容纳视频、音频、字幕等多种数据，并支持多种编码方式。MP4是目前最常用的视频格式。

> **提示**
>
> MP4适用于各种视频平台，兼容性非常好。而且视频文件相对较小，不会占用太大的空间。

4. MKV

MKV是一种开放的多媒体容器格式，支持多种视频和音频编码方式，能够容纳更多的数据和元信息。它在高清和4K视频领域应用广泛。

5. MOV

MOV是由苹果公司开发的多媒体文件格式，适用于Mac环境下的多媒体储存和播放。它支持多种编码方式，包括H.264等。

6. WebM

WebM是由Google推出的开放式视频格式，主要用于互联网视频的媒体传输和播放。它采用了VP9视频编码和Vorbis音频编码，支持高效的视频传输。

1.6 视频封装与编码

在数字媒体领域，视频封装（容器）和编码是两个关键概念。不同的封装格式和编码标准适用于不同的应用场景，选择合适的封装格式和编码标准能够满足不同的需求，从而实现更好的媒体体验。

视频封装是将多种媒体数据打包在一起形成一个文件的过程，类似于一个容器，可以包含视频、音频、字幕、元数据等多种数据流。不同的封装格式具有不同的特点和应用场景，影响着视频文件的存储、传输和播放。前面介绍的MP4、MOV、AVI等就是视频封装格式。

视频编码是将原始的视频数据进行压缩和编码的过程，以降低文件大小并保持相对较高的画质。编码算法通过移除冗余信息、压缩图像数据等方式实现压缩。不同的编码标准采用不同的压缩算法，影响着视频文件的大小和解码效率。举个简单的例子，你买了很多菜，放在一个篮子里，这些菜怎么摆放才能充分利用篮子的最大空间？这里的摆放方式就相当于视频编码。

常见的视频编码标准有以下3种。

（1）H.264（AVC）：一种广泛应用的视频编码标准，常用于高清视频，能够在保持较高质量的前提下降低文件大小。而这种编码最常见的封装格式就是MP4。

（2）H.265（HEVC）：H.264的继任者，在相同画质下，能够进一步降低文件大小，适用于4K视频。但就目前来说，H.265编码格式还没有完全普及。

（3）Apple ProRes：由苹果公司推出的视频编码标准，主要应用于苹果自家产品线中，大致分为ProRes 422和ProRes 4444两大类。前者视频会产生压缩，后者则是高清无损格式，视频体积也相对较大。

> **提示**
>
> 目前最常用的视频编码格式为H.264，对应的视频格式为MP4。如果想达到更加高清无损的效果，则可以选择AVI及MOV格式。苹果用户可以选择ProRes 4444系列编码。

第2章 初步掌握 After Effects

本章将系统介绍Adobe After Effects 2024特效合成软件，其中涉及很多基础知识和关键步骤，包括素材导入、时间线的应用、常见的特效合成工具、图层面板的功能和关键帧技术等。理解并掌握After Effects基础工作流程是深入学习后续知识的必要步骤。

学习资料所在位置　学习资源 \ 第 2 章

2.1 AE 的界面和工作区介绍

本节将带领大家认识Adobe After Effects 2024（后简称AE 2024）的工作区。

2.1.1 欢迎界面

启动AE 2024后，首先打开的是欢迎界面，在弹出的面板中可以看到AE 2024的新功能介绍，单击相应选项可以查看详情，如图2-1所示。

图2-1

2.1.2 初始界面

关闭欢迎面板后，会展示AE 2024的初始界面，此界面包含"新建项目"和"打开项目"等，如图2-2所示。"新建项目"代表建立一个新的项目文件，"打开项目"代表打开原有的项目文件。

图2-2

2.1.3 工作区界面

单击"新建项目"按钮 进入AE 2024的工作区，此时工作区显示并不完全，因为没有导入任何素材。在菜单栏选择"文件 > 导入 > 文件"命令（见图2-3），然后选择"学习资源\第2章\2.1\机器人素材"。

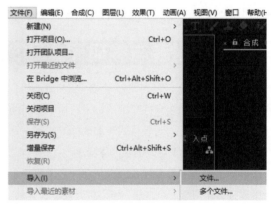

图2-3

单击项目面板的"机器人素材"并将其拖曳到项目面板下方的"新建合成"图标 上，完成新建合成。这时"机器人素材"在时间线面板中就显示出来了，如图2-4所示。

图2-4

下面将介绍整个工作区的功能和作用，如图2-5所示。

图2-5

1. 菜单栏：包含AE 2024的所有功能。

2. 工具栏：提取出常用的工具，方便快速调用。

3. 项目面板：导入音频、视频、图像等素材后，在此面板显示。

4. 合成面板：视频合成后的最终预览窗口。

5. 时间线面板：音频、视频素材在此进行合成并制作动画。

6. 工作区切换面板：针对不同的工作流程，切换界面布局。

7. 功能分组面板：特效、跟踪等常用功能在此堆叠，方便调用。

特效合成的过程中，需要这些板块相互配合才能输出成品视频。这里只需了解AE 2024的不同分区，在后边的章节中将对每个板块进行单独讲解。

1. 调整工作区面板

上文介绍的所有面板都可以调整为所需的大小。以合成面板为例，将光标放在面板的分隔线上，这时光标会变成▥图标，此时按住鼠标左键并拖曳就可以调整面板的大小，如图2-6所示。

如果想将某个面板设置为浮动面板，右击该面板旁边的三条横杠图标▇，然后单击"浮动面板"就可以任意移动面板，如图2-7所示。此操作适用于所有面板。

图2-6　　　　　　　　　　图2-7

如果不小心将工作区域打乱了，这时只需在菜单栏选择"窗口＞工作区＞将'默认'重置为已保存的布局"命令，就能恢复成原始状态，如图2-8所示。

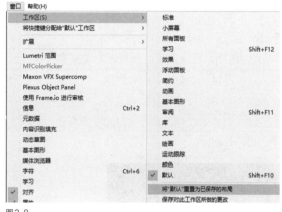

图2-8

2. 选择工作区

在AE 2024中，有很多内置好的工作区，针对不同的工作流程，比如动画、效果、颜色等，这些工作区可以随时切换。不仅可以在菜单栏选择"窗口＞工作区"命令来切换，还可以在工作区切换面板中快速切换，如图2-9所示。

图2-9

在实际工作中，最常用的工作区为默认工作区。

2.2　创建项目与合成

本节将介绍项目与合成的关系、使用多种方法新建合成，以及"合成设置"对话框中常用参数的含义。

2.2.1　项目与合成的关系

打开AE时，只会看到创建项目而看不到创建合成，那就需要说明一下项目和合成之间的关系。如果把项目理解成一个房子，这个房子里可以装很多东西，比如图像、视频、音频等，在进行特效合成时可以随时调用这些内容。

而合成更像是这个房子里的每一个小房间，不同的房间给不同的人居住，对应到AE中就是不同的合成完成不同的处理任务，有的合成用于处理文字，有的合成用于处理视频。当创建一个合成时，这个合成也包含在项目中，充当了一个素材，可以循环利用，如图2-10所示。

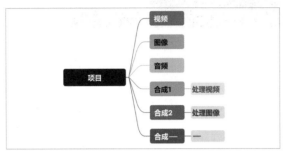

图2-10

在AE中，可以在项目面板看到视频素材和合成等，这就是项目中包含的所有内容。同时也可以在时间线面板中看到视频素材和合成等，如图2-11所示。在一个项目中可以包含多种素材和多个合成，它们之间可以相互利用。

图2-11

2.2.2　新建合成

创建项目的方法有两种：第一种是在初始界面单击"新建项目"；第二种是进入AE后，在菜单栏选择"文件 > 新建 > 新建项目"命令，它的快捷键为Ctrl+Alt+N，如图2-12所示。

图2-12

创建好项目后，需要新建合成。可以单击合成面板中的"新建合成"图标▇进行新建，或者在菜单栏选择"合成 > 新建合成"命令，它的快捷键为Ctrl+N，

如图2-13所示。

图2-13

新建合成后，会弹出对应的"合成设置"对话框。其中的参数极为重要，会影响最终输出视频的效果，如图2-14所示。

图2-14

"合成设置"对话框中常用参数的含义如下。

➡ **合成名称：**可以自定义名称。

➡ **预设：**在预设中可以选择视频的分辨率及帧速率等预置内容，方便快速匹配参数。

➡ **宽度和高度：**如果不想使用预设的宽度和高度，可以自定义视频的宽度及高度。

➡ **像素长宽比：**代表每个像素的比例大小，方形像素的比例为1:1，是最常用的像素长宽比。此外，还包含D1/DV NTSC宽银幕（1.21）、变形2:1（2）等比例。

➡ **帧速率：**每秒视频由多少个图像组成，单击帧速率右侧的下拉图标可以自定义帧速率。

➡ **分辨率：**表示在进行特效合成时预览画面的分辨率。以1920×1080为例，"完整"就代表以1920×1080分辨率进行图像预览。此外，还有二分之一、四分之一等，表示以1920×1080分辨率的二分之一、四分之一进行图像预览，以此类推。

此参数在新建合成后也可以调整。

- ➡ **开始时间码：**用于设置合成时间是从第几秒开始的，如果是 0:00:00:00，则代表从第 0 秒开始，此参数为默认设置即可。
- ➡ **持续时间：**用于设置视频的总时长。默认值为30秒。
- ➡ **背景颜色：**用于设置新建合成后所看到的画面颜色，此颜色只作为参考。

> ✍ **提示**
>
> 　　新建合成中的所有参数在后续都可以调整。合成设置好后，所有导入该合成的视频、图像都会以新建合成的分辨率及帧速率等进行显示。

2.2.3　从素材新建合成

除了上文讲解的新建合成，在新建好项目后，合成面板中还有一个"从素材新建合成"图标■，其属性和新建合成略有不同。新建合成中的参数可以自定义，而从素材新建合成后，合成的参数完全和素材匹配。

先单击合成面板中的"从素材新建合成"图标■，然后选择"学习资源\第2章\2.2\横屏素材"并导入，接着在菜单栏选择"合成 > 合成设置"命令，快捷键为Ctrl+K，会看到该合成的所有参数。与原始视频素材属性对比，二者参数完全一样，如图2-15所示。

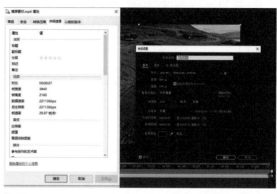

图2-15

> ✍ **提示**
>
> 　　如果想用拍摄好的原始视频帧速率及分辨率，可以使用"从素材新建合成"；如果想自定义合成分辨率及帧速率，可以使用"新建合成"。

2.3　素材的导入方法

AE中能够使用哪些类型的素材，怎样导入和使用这些素材，是视频制作前必须学习的内容。不同素材的导入方式略有不同，本节将详细介绍导入素材的方法、类型，以及项目面板的工具。

2.3.1　导入素材

AE中导入素材的方法非常多，最常规的方法是新建项目后，在菜单栏选择"文件 > 导入 > 文件"命令，快捷键为Ctrl+I，也可以双击项目面板空白处进行导入，如图2-16所示。

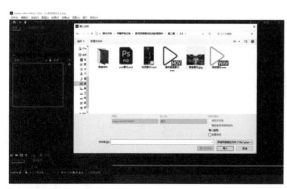

图2-16

除了上文介绍的方法，还可以将选中的素材拖曳到AE的项目面板中进行导入，如图2-17所示。

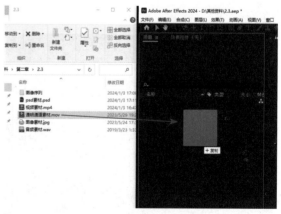

图2-17

AE可以导入音频、图像、视频、PSD、AI、图像序列等常见素材格式。其中图像序列素材在导入时和其他素材略有不同，需要在"导入文件"对话框中勾选"PNG序列"选项，如图2-18所示。这里准备的是PNG图像序列，如果是JPG图像序列，序列选项则会显示"JPG序列"。如果不勾选此选项，导入的素材将是一张图片，而不是动态视频文件。

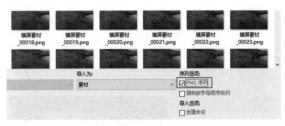

图2-18

> **提示**
>
> 如果导入图像序列素材时勾选了"创建合成"选项，AE 将会以这段图像序列素材的帧速率及分辨率创建合成。

2.3.2 项目面板的工具

项目面板下方有很多功能图标，从左至右依次为解释素材、新建文件夹、新建合成、项目设置、颜色深度和删除，如图2-19所示。

图2-19

1. 解释素材工具

当选中项目面板中的某个素材时，单击"解释素材"图标■，就会看到该素材对应的信息，如图2-20所示。

图2-20

在此面板中可以看到被选中素材的相关信息，比如"Alpha""帧速率""开始时间码"等属性。其中"Alpha"代表透明信息，如果不确定该素材是否带有透明通道，可以单击"Alpha"属性下的"猜测"按钮，软件会进行自动猜测。如果有透明信息，合成面板中

的素材会显示透明网格，如图2-21所示。

图2-21

2. 新建文件夹工具

新建文件夹工具可以管理项目面板中的素材，并对素材进行分类。先单击左下角的"新建文件夹"图标■，然后单击新建的文件夹，最后右击该文件夹，可以对文件夹进行重命名，如图2-22所示。

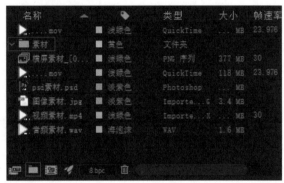

图2-22

3. 新建合成工具

单击"新建合成"图标■可以新建合成。如果将素材直接拖曳到此图标上，就相当于单击合成面板中的"从素材新建合成"图标，与2.2.3小节讲解的从素材新建合成的内容一致，这种操作是"从素材新建合成"的快捷方式。

4. 项目设置工具

单击■图标可以对项目进行设置，一般此功能无须单击使用，创建好项目后会自动完成设置。

5. 颜色深度工具

按住 Alt 键并单击"8bpc"，该数字会发生变化，比如16bpc、32bpc，数字越大代表颜色信息越丰富。使用此设置需根据原始视频素材来确定，一般默认为8bpc。

6. 删除工具

单击选中项目面板中的素材，再单击█图标可以直接删除素材。

上文介绍了项目面板底部图标的名称和属性，除此之外，项目面板中还有一些其他操作。比如右击项目面板的空白处，可以快速调用"新建合成""新建文件夹""导入最近的素材"等功能，如图2-23所示。

图2-23

> **提示**
>
> 此方法和其他新建合成及新建文件夹的功能是一样的，无任何区别。

2.4　时间线的应用

时间线面板是视频制作过程中经常使用的面板，也是制作动画和调整动画的重要板块。本节介绍时间线和图层的关系及时间线常用功能。

2.4.1　时间线和图层的关系

每个合成中的素材都有属于自己的图层与时间线，这两部分是连接在一起的。左边为图层面板，可以随时查看各个图层的名称及属性，右边是对应每个图层的时间线区域，如图2-24所示。

时间指示器所在的当前时间

图2-24

音频、视频、图像等素材都可以拖曳到时间线面板中，如图2-25所示。图层的特性是上方图层会盖住下方图层。

图2-25

> **提示**
>
> 此时，时间线面板中有两个素材，图层2为外太空素材，图层1为山水素材，此时图层1在上层，盖住了下层的图层2。

把时间线移动到第15秒时，合成面板会显示外太空素材，因为图层1的素材总时长只有12秒，而图层2总时长有30秒，所以在第15秒时图层1就不再显示了，如图2-26所示。

图2-26

> **提示**
>
> 在时间线面板中，虽然上方图层会盖住下方图层，但是当上方图层的时长太短时，移动时间线也会显示出下方图层。

2.4.2　时间线常用功能

时间码以0:00:00:00的形式显示，它的正确读取方法为"时∶分∶秒∶帧"，"0:00:15:00"就代表15秒，如图2-27所示。

图2-27

时间码的预览方式除了以"时：分：秒：帧"的形式显示，还能以"帧"的形式进行显示。按住Ctrl键并单击左侧时间码可以切换为"帧"的形式，再次按住Ctrl键并单击时间码，会切换为"时：分：秒：帧"的形式，如图2-28所示。

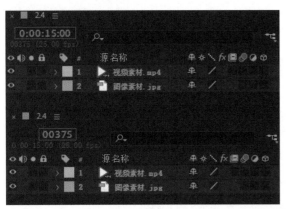

图2-28

在时间线上可以选择需要渲染导出的特定区域。单击并拖曳工作区左右的蓝色滑块即可划分区域，其快捷键分别为B（左侧）和N（右侧），如图2-29所示。

图2-29

如果确定了想划分的区域，右击蓝色滑块中的工作区，然后单击"将合成修剪至工作区域"，该区域会填满整个合成，如图2-30所示。

图2-30

合成修剪完毕后，单击时间线并移动到第一帧，时间码会以修剪的初始时间进行显示，如图2-31所

示。如果想调整为0:00:00:00的状态，只需在菜单栏选择"合成 > 合成设置"命令，修改起始时间为0:00:00:00即可。

图2-31

如果某段素材太长需要进行裁剪，则将时间线移动至需要裁剪的位置，按快捷键Alt+[可裁剪掉时间线左侧的素材，按快捷键Alt+]可裁剪掉时间线右侧的素材，如图2-32所示。

图2-32

时间线最右侧有"标记点"图标，当某个关键的时间点需要做特别提醒时，用鼠标左键按住标记点并拖曳到相应位置，可对时间线进行标记，如图2-33所示。

图2-33

如果想对时间线面板中的素材进行复制，只需要单击选中目标素材，再按快捷键Ctrl+D就可以直接复制。如果想删除某段素材，单击选中目标素材，再按Delete键即可删除，如图2-34所示。

图2-34

2.5 工程输出与整理

大家对AE 2024已经有了基本的认识，本节将讲解在制作完视频之后如何渲染并导出视频，以及系统地为大家演示视频导出的操作步骤及需要注意的事项。

2.5.1 认识渲染面板

视频制作完成后需要在菜单栏选择"合成 > 添加到渲染队列"命令，它的快捷键为Ctrl+M，如图2-35所示。

图2-35

这时会弹出渲染面板，该面板中包含了"渲染设置""输出模块""输出到"等选项，其中只需要调整"输出模块"和"输出到"即可。渲染面板的最右侧是"渲染"和"AME中的队列"图标，常用的是"渲染"功能，"AME中的队列"功能需要配合 Adobe 旗下的其他软件使用，如图2-36所示。

图2-36

单击"输出模块"右边的文字，弹出"输出模块设置"对话框，在这个对话框中可以对输出的视频进行设置。其中"格式"选项能选择视频导出的最终格式，"H.264"编码是最为常用的格式，如果想输出更高清的视频，可以选择"AVI"或"QuickTime"格式，如图2-37所示。

图2-37

> **提示**
>
> 如果想输出音频，可以选择"MP3"或"WAV"格式。如果想输出图像序列，可以选择"'JPEG'序列"或"'PNG'序列"。

2.5.2　透明通道素材

如果想渲染导出带有透明通道的素材，首先要确定合成是否有透明信息。单击合成面板下方的"切换透明网格"图标 ⊠，如果合成面板中显示了透明网格就代表有透明信息，如图2-38所示。

图2-38

确定该合成有透明信息后，返回渲染队列，单击"输出模块"选项，对合成进行设置。"格式"选择"QuickTime"或"'PNG'序列"这两种带有透明信息的格式，在"视频输出"选项下的"通道"中选择"RGB+Alpha"格式，如图2-39所示。最后单击"确定"按钮，设置完毕。

图2-39

> **提示**
>
> 在视频渲染时若不需要透明通道，选择"H.264"常用格式。如果需要透明通道，选择"QuickTime"或"'PNG'序列"，同时"通道"选择"RGB+Alpha"。

输出模块调整完毕后，单击"输出到"右边的"尚未指定"字样，然后选择保存的路径，最后单击"渲染"图标，即可将此段视频导出，如图2-40所示。

图2-40

2.5.3　整理工程文件

当 AE 的工程文件制作完毕后，可以对工程中的文件进行整理，防止下次调用该工程时文件丢失。先在菜单栏选择"文件 > 整理工程（文件）> 收集文件"命令，然后单击"收集"按钮，选择指定文件夹，如图2-41所示。至此AE工程及所需的所有文件就整理完毕了。

在使用AE的模板工程文件制作视频时，如果打开模板工程文件后出现了彩色条纹，则证明该AE工程中有素材丢失，如图2-42所示。

此时在时间线面板中，右击该素材，然后选择"显示 > 在

图2-41

图2-42

项目中显示图层源"命令，项目面板会直接定位到该素材的位置，如图2-43所示。

图2-43

右击该素材，最后单击"重新加载素材"，丢失的素材就会被重新加载，如图2-44所示。

图2-44

📝 **提示**

如果丢失的素材被修改了名称或移动了位置，这时单击"重新加载素材"无法找到该素材，需要单击"替换素材"，然后手动进行查找。

2.6 首选项常用功能

学习任何一款工具，对它的内部原理不需要了解太多，但是软件的基础设置需要牢牢掌握。当软件出现问题时，可能是设置有误。这一节将介绍AE的首选项设置中常用的命令和功能。

2.6.1 缓存设置

在菜单栏选择"编辑 > 首选项 > 常规"命令，会弹出"首选项"设置面板，单击左侧"媒体和磁盘缓存"选项，在随后出现的面板中可以设置缓存目录。一般计算机的C盘容量比其他磁盘小，而AE产生的缓存文件比较大，很容易把C盘占满，可以根据需求设置缓存目录，如图2-45所示。

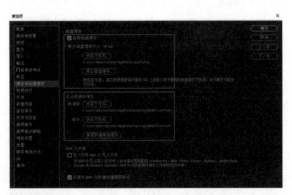

图2-45

2.6.2 自动保存设置

单击左侧"自动保存"选项，可以设置"保存间隔"等参数。AE软件崩溃后若设置了自动保存，可以找回自动保存的历史工程文件。自动保存时间不要设置得太短，一般设置为20 ~ 30分钟，如图2-46所示。

图2-46

2.6.3 安装插件设置

单击左侧"脚本和表达式"选项，勾选"允许脚本写入文件和访问网络"，如图2-47所示。安装AE的插件后，若不勾选此选项，则可能导致插件无法使用。

图2-47

提示

上文提到的这几点内容是在首选项设置中必须操作的地方，其他功能选项保持默认即可。

2.7　工具栏常用工具

本节将介绍 AE 的工具栏。选取、手形、缩放、钢笔、仿制图章等都是做视频项目时常用的工具。本节会涉及多个快捷键，掌握后可以提高工作效率。

2.7.1　主页、选取、手形和缩放工具

先来介绍主页工具、选取工具（快捷键为 V）、手形工具（快捷键为 H）和缩放工具（快捷键为 Z），相应的图标如图 2-48 所示。

图 2-48

1. 主页工具

工具栏从左开始第一个图标为"主页"，单击 图标可以直接回到主页。

2. 选取工具

单击"选取"图标 后，再单击合成面板中的图层，就可以移动该图层，如图 2-49 所示。

图 2-49

3. 手形工具

单击"手形"图标 后，可以移动整个合成面板（这时合成面板的画布和图层是一起移动的），如图 2-50 所示。

4. 缩放工具

单击"缩放"图标 后，鼠标指针会变成放大镜和一个加号，可以放大整个合成面板的画布，如图 2-51 所示。若按住 Alt 键并单击合成面板的画布，可以缩小画布。

图 2-50

图 2-51

提示

放大工具和手形工具一般要配合使用，用于观察画面的细节。

调整合成画布大小有两种方法。第一种，将鼠标指针放到合成面板，滑动鼠标中间的滚轮，可以任意调整画面大小；第二种，单击合成面板左下角的放大率选项 图标，选择合适的大小即可，如图 2-52 所示。

图 2-52

2.7.2　旋转和锚点工具

下面介绍旋转工具（快捷键为 W）和锚点工具（快捷键为 Y），相应的图标如图 2-53 所示。

图 2-53

1. 旋转工具

单击"旋转"图标 ，再单击合成面板的图像，即

可将图像进行旋转。注意，图层是以中心点进行旋转的，如图2-54所示。

图2-54

2. 锚点工具

单击"锚点"图标 ![icon]，再单击选择一处对应图层的锚点位置，将图层的锚点移动到左边后再次进行旋转，会发现图层的旋转中心点变到了锚点移动后的位置，如图2-55所示。

图2-55

> **📝 提示**
>
> 锚点类似于物体的轴心，将锚点移动到某个点就以那个点为轴心进行旋转或缩放，锚点是AE中经常使用的调整工具。

2.7.3 图形与钢笔工具

下面介绍图形工具（快捷键为Q）和钢笔工具（快捷键为G），相应的图标如图2-56所示。

![toolbar]

图2-56

1. 图形工具

单击选择图层后，图形工具将变成蒙版工具，蒙版工具将在后面的内容中详细讲解。未选择图层时，图形工具仅能绘制图形。

绘制图形时，需要先单击图形工具，然后在合成面板中进行绘制，接着更改填充颜色、描边颜色及描边粗细，如图2-57所示。

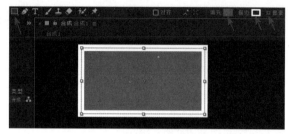

图2-57

用鼠标左键长按"矩形工具"图标 ![icon] 可以切换绘制的形状，如图2-58所示。

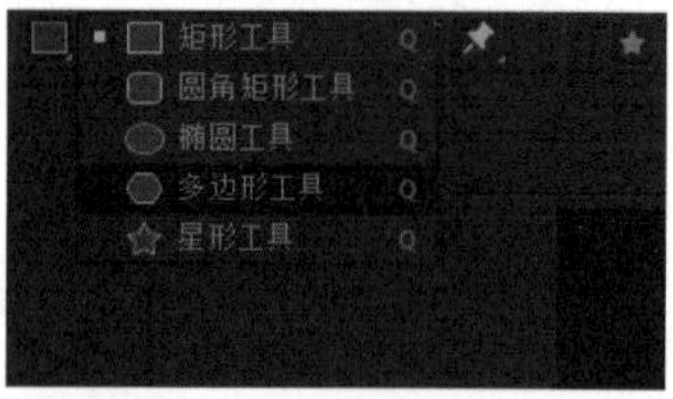

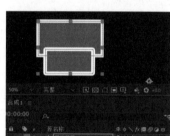

图2-58

当绘制完一个图形后，如果时间线面板上的图层是选中状态，再次绘制图形会在此图层上进行。如果没有选中时间线面板上的图层，再次绘制图形则会产生第二个图层，如图2-59和图2-60所示。

图2-59

2. 钢笔工具

钢笔工具和矩形工具的属性一致，区别在于钢笔工具可以自定义图形形状。单击"钢笔工具"图标 ![icon]，在合成面板中绘制图形，路径首尾相连即可闭合图形，填充颜色、描边颜色、描边粗细与矩形工具的设置一样，如图2-61所示。

图2-60

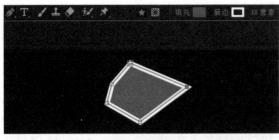

图2-61

如果想绘制有弧度的图形，只需要勾选"RotoBezier"选项，再次选择钢笔工具进行绘制，图形闭合后自动变成圆弧形状，如图2-62所示。

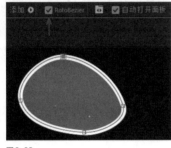

图2-62

绘制有弧度的图形除了勾选"RotoBezier"选项，利用钢笔工具也可以做到。如果想把图像中的棱角改成圆角，按住Alt键的同时单击对应的棱角点并进行调整即可，如图2-63所示。

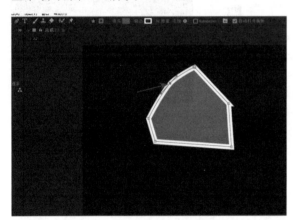

图2-63

提示

在使用钢笔工具和图形工具时，不要选中时间线面板中的图层，否则将变为绘制蒙版的工具。

2.7.4　画笔、仿制图章、橡皮擦工具

接下来介绍画笔、仿制图章、橡皮擦工具，它们仅在图层面板中使用，相应的图标如图2-64所示。

图2-64

1. 图层面板

AE时间线面板中的视频素材被称为视频图层，如果是图像素材，则被称为图像图层。无论在时间线面板中导入多少个素材，它们只会在合成面板中的"合成"标签中进行预览，如图2-65所示。

图2-65

双击时间线面板中的素材，会进入被选中素材的图层面板，并在"合成"标签右侧出现"图层"标签，如图2-66所示。

图2-66

提示

如果时间线面板中有多个图层，双击该素材也会进入对应素材的图层面板。画笔、仿制图章、橡皮擦工具都需要在素材的图层面板中使用。

2. 画笔工具

单击"画笔"图标后可以用鼠标左键进行绘制，

同时在右侧工具面板中会弹出“画笔”和“绘画”两个面板，如图2-67所示。

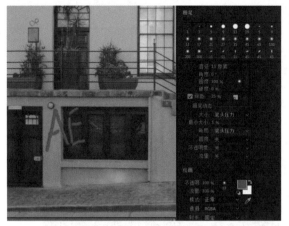

图2-67

如果单击“画笔”图标没有弹出对应面板，只需在“窗口”菜单中选中“画笔”和“绘画”选项即可，如图2-68所示。

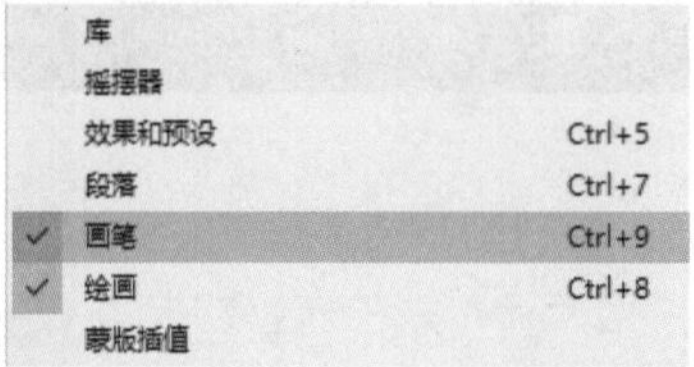

图2-68

> **提示**
>
> 如果AE对应的其他面板没有出现，也可以通过这种方式让其显示出来。

单击“画笔”图标后，可以对画笔的形状、颜色、大小等参数进行调整，如图2-69所示。

图2-69

用画笔绘制图像时，如果把时间线放在第0帧，单击时间线并向右移动，绘制的路径会一直显示，如图2-70所示。如果时间线在中间位置时进行绘制，时间线向右移动，绘制的路径会显示，而向左移动，路径将不会显示。

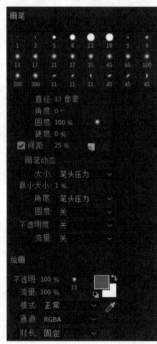

图2-70

> **提示**
>
> 画笔工具在AE中不常用，了解一下即可。

3. 仿制图章工具

将项目面板中的“图像”素材拖曳到合成标签上新建合成，然后双击该图层进入图层面板，接着单击“仿制图章工具”图标，如图2-71所示。仿制图章工具可以去除图像中某些不需要的物体。

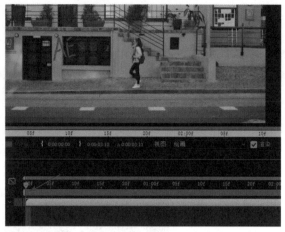

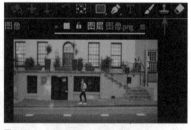

图2-71

要去除图像中墙壁上的广告牌，先按住Alt键并单击吸取广告牌附近墙壁的颜色，然后松开Alt键，按住鼠标左键并拖曳来去除广告牌，效果如图2-72所示。

图2-72

> **提示**
>
> 在去除时，可以滑动鼠标中间的滚轮放大画面；按住鼠标中间的滚轮后，鼠标指针变为手形工具，此时可以移动画面。

仿制图章工具只对静止图像起作用。如果是视频

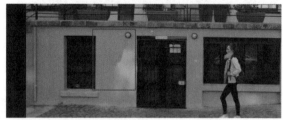

文件，当移动时间线后，去除效果将不起作用，如图2-73所示。

图2-73

4.橡皮擦工具

橡皮擦工具的操作更加简单，可以擦除图像中的内容，使擦除部分变成透明状态，如图2-74所示。

图2-74

2.7.5　人偶工具

使用人偶工具可以让图像或者矢量图层动起来。它的工作原理是为图像添加操控点，拖曳操控点，可以产生动画效果。

创建一个项目后，单击"新建合成"，将文件命名为"人偶"，然后使用"圆角矩形工具"绘制一个圆角矩形，将填充颜色设置为白色，利用锚点工具 将图形的锚点移动到图形的中间位置，如图2-75所示。

图2-75

在工具栏中单击"人偶"图标 ，在圆角矩形中从上至下依次单击三个操控点，再单击并拖曳最上面的操控点，图像会发生弯曲，如图2-76所示。

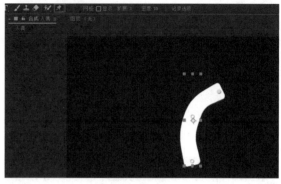

图2-76

"人偶"图标右侧有三个选项，分别是"网格""扩展"和"密度"。勾选"网格"的"显示"选项，图像会显示对应的网格。"扩展"的数值增大后网格会向外扩展，影响范围就会变大。"密度"的数值越大，网格越密集，动画变形会更加细腻，如图2-77所示。

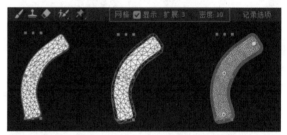

图2-77

如果想让图像动起来并记录成动画，只需要按住Ctrl键，单击并拖曳对应的操控点，时间线就会自动记录动画，当松开Ctrl键时就会自动停止记录，如图2-78所示。

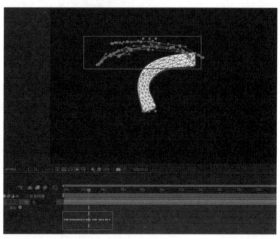

图2-78

2.7.6 实例：使用人偶工具让图片动起来

Step01 合成里现在有两个图层，第一个是小熊的图像图层，第二个是背景图层。先单击选中小熊的图层，再单击"人偶"图标 ![] 为小熊的手添加操控点，如图2-79所示。

图2-79

Step02 单击并拖曳黄色的操控点，整个图层会跟着移动，所以一个操控点不足以让小熊动起来，如图2-80所示。

图2-80

Step03 在小熊左侧手臂和身体下侧添加操控点，这时候小熊身体的下半部分就被固定了，继续在鼻子的位置添加一个操控点，如图2-81所示。

Step04 单击并拖曳鼻子上的操控点，小熊的头部就可以移动了。使用鼠标左键大幅度拖曳鼻子上的操控点，小熊身体下半部分就产生了变形，如图2-82所示。

图2-81

Step05 在小熊身体的下半部分再添加两个操控点，然后拉扯小熊鼻子上的操控点，小熊身体变形明显减小，如图2-83所示。

图2-82

图2-83

Step06 记录小熊身体左右摇晃的动画。把鼠标指针移动到"记录选项"上，会看到提示"要记录固定点移动，请按住Ctrl键单击并拖动固定点"，如图2-84所示。

图2-84

Step 07 按住Ctrl键，单击选中小熊鼻子上的操控点并左右移动，此时时间线在自动记录动画，如图2-85所示。

图2-85

Step 08 松开Ctrl键表示记录完毕，然后单击播放，

小熊的头部就产生了动画，如图2-86所示。

图2-86

Step 09 如果感觉小熊运动的幅度太大，按快捷键Ctrl+Z，取消记录过的所有关键帧。重复上文的记录步骤，重新记录即可，如图2-87所示。

图2-87

> **提示**
>
> 单击空白处之后，网格会消失。这时只需再次单击小熊的图层，用人偶工具单击小熊的身体，就会显示网格。

2.8　合成面板常用工具

合成面板中经常被使用的工具有放大率、自适应分辨率、目标区域、网格和参考线等，如图2-88所示。

图2-88

2.8.1　放大率工具

单击合成面板左下角的放大率选项 50% ，选择比例可以放大或缩小合成窗口，以便观察，如图2-89所示。

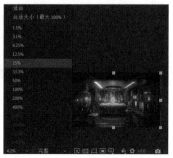

图2-89

2.8.2　自适应分辨率工具

自适应分辨率工具包含"自动""完整""二分之一""三分之一"等选项，如图2-90所示。其中"完整"选项是以合成的分辨率大小进行显示的，"二分之一"表示以合成分辨率的一半进行显示。根据计算机配置及性能的不同，可以选择合适的预览分辨率。在这里调整分辨率不会影响最终的视频输出。

图2-90

2.8.3　切换透明网格工具

当合成中有透明信息时可以单击"切换透明网格"图标 进行查看。该图标显示为蓝色 代表激活状态，再次单击会取消透明显示，如图2-91所示。

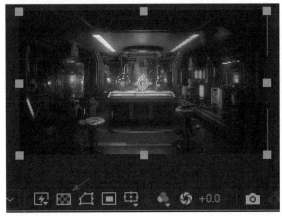

图2-91

> **提示**
>
> 现在合成中有飞船图片作为背景，所以大家看不到透明信息。

2.8.4　蒙版和形状路径可见性工具

当绘制图形或蒙版路径时，会在图像中看到一条明显的路径，单击"蒙版和形状路径可见性"图标，蓝色高亮显示代表激活状态，再次单击会取消路径显示，如图2-92所示。

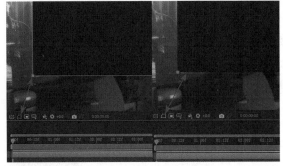

图2-92

2.8.5　目标区域工具

如果想对合成进行自由裁剪，可以单击"目标区域"图标并拖曳需要绘制的区域，如图2-93所示。

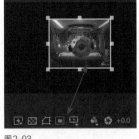

图2-93

单击并拖曳边框上对应的点，可以调整裁剪区域的大小。当合成裁剪完毕，在菜单栏选择"合成 > 裁剪合成到目标区域"命令，

合成会变成裁剪区域的大小，如图2-94所示。

图2-94

> **提示**
>
> 裁剪合成和新建合成的区别在于，新建合成可以通过数值精准控制合成区域的大小，而裁剪合成可以精准定义想要的合成区域，灵活度更高。

2.8.6　网格和参考线工具

单击"网格和参考线"图标会看到下拉选项，此下拉列表中的所有选项都用于辅助构图。其中"标题/动作安全"和"标尺"两个选项最为常用，如图2-95所示。

图2-95

单击"标题/动作安全"后，合成面板会出现对应的边框，文字和画面内容可以参考此边框，如图2-96所示。视频制作好后，在对应的视频播放媒介中播放不会出现问题。

图2-96

单击"标尺"选项并取消选择"标题/动作安全"选项，此时画面中会出现标尺。单击左侧或者上方的标尺并向合成面板内拖曳，会出现对应的参考线，参考线可以辅助构图和输入文字，如图2-97所示。

图2-97

2.8.7　通道显示工具与合成面板常用命令

1. 常用的通道

　　AE中所有的颜色都是由红、
绿、蓝三种颜色进行混合得来
的，在AE中可以分别显示这些
通道的颜色信息。RGB代表最终
显示的颜色，同时还可以单独查
看红色、绿色、蓝色三个通道的
颜色信息，如图2-98和图2-99
所示。

图2-98

图2-99

　　除了上文介绍的四种颜色通道，AE中还有一个
"Alpha"通道，通常称之为"透明"通道，这种通道只
有带有透明信息的素材才会显示。关闭下层图层的"眼
睛"图标 👁️，将通道切换成Alpha通道 ▣ 就会看到黑白
信息，黑色代表透明，白色代表不透明，如图2-100
所示。

图2-100

2. 合成面板中的隐藏命令

　　在合成面板中除了能看见的图标，右击合成面板
还有很多隐藏命令，如图2-101所示。

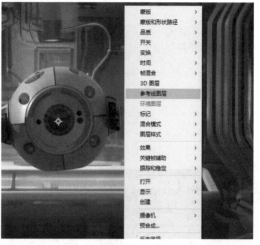

图2-101

　　这里的大部分功能会在后续的章节中介绍，本小
节着重介绍几个合成面板中经常使用的工具。"变换"
选项中有"适合复合"，快捷键为Ctrl+Alt+F。当新
建合成的分辨率为1920×1080时，导入超过此合成
大小的图片时，就不会完全显示。这时只需要单击选
中对应的图层，再单击选择"适合复合"，即可调整为
与合成大小一致的图像，如图2-102和图2-103所示。

图2-102

图2-103

做特效合成时，若要把一段视频转成静止素材，先单击选中对应素材的图层，然后右击合成面板，接着选择"时间 > 冻结帧"命令，就可以将动态的视频转成静止的图像。时间线放在哪里就会以当前时间进行转换。

3. 预合成管理素材

当时间线上有很多素材时，就需要对合成中的素材进行分类管理。这时只需要单击选中对应的素材，按快捷键Ctrl+Shift+C，就可以对该素材进行预合成设置，如图2-104所示。

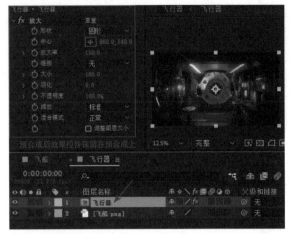

图2-105（续）

图2-104

设置预合成后会弹出两个选项。第一个选项是"保留'飞行器'中的所有属性"，第二个选项是"将所有属性移动到新合成"。在飞行器素材上添加效果控件后，选择第一个选项时效果控件会保留在预合成上，选择第二个选项时效果控件会保留在合成内部，如图2-105和图2-106所示。

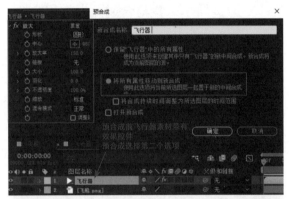

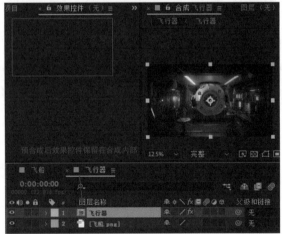

图2-106

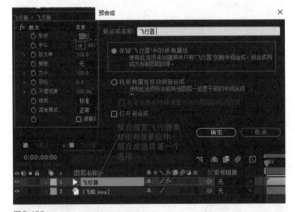

图2-105

提示

大家没有学过"效果控件"，还不知道如何添加控件，目前只需要记住预合成的第一个选项和第二个选项的区别即可。在制作特效时会在一个素材上添加很多个效果控件，这时效果控件太多且管理麻烦，还会造成计算机卡顿。为了方便管理，会对素材进行预合成并选择第二个选项，制作一个单独的、没有效果控件的素材图层。

2.9 时间线面板

本节将介绍时间线面板中常用的工具。其中，图层混合模式在特效合成中是经常用到的功能，其主要作用是控制不同图层之间的混合方式和视觉效果。

2.9.1 在时间线面板中选择和移动素材

新建分辨率为 1920×1080 的合成，将项目面板中除合成外的所有素材拖曳到时间线面板中，如图 2-107 所示。

图2-107

→ 在时间线面板单击对应素材可以选中该素材，此时该素材呈高亮显示。

→ 按住 Ctrl 键并单击素材，可以跳跃加选素材。

→ 按住 Shift 键，选中某一个素材，再次单击其他素材，两个素材及其之间的所有素材都会被选中。

→ 用快捷键 Ctrl+A 可以全选素材，单击时间线面板空白处可取消全选。

→ 单击选中素材不松手，上下移动鼠标可以移动素材的上下层级。注意，上方图层会盖住下方图层。

2.9.2 时间线面板常用工具介绍

图层功能图标从左到右为"隐藏""音频""独显"和"锁定"等，如图 2-108 所示。

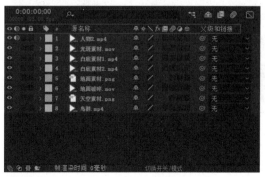

图2-108

1. 隐藏工具

每个图层前都会有对应的四个图标。其中，"眼睛"图标 代表可见性。如果关闭"眼睛"图标则代表当前图层在合成面板不可见，反之可见。

2. 音频工具

当导入的视频素材中有声音时会自动激活该图标 ，如果想设置视频为静音，单击该图标即可关闭视频的声音。

3. 独显工具

当时间线面板中有多个图层时，单击某个图层的"独显"图标 ，合成面板只会显示该图层。时间线面板中可以同时独显多个图层。

4. 锁定工具

单击"锁定"图标 把某个图层锁定后，该图层在合成面板无法进行操作，可用于保护图层。

5. 标签工具和源名称 / 图层名称

"标签"图标 可以用于改变单个图层的颜色，该设置方便观察素材或对素材进行分组。显示"源名称"时会以上方项目面板的名称进行显示。单击"源名称"后会显示为"图层名称"，如果对时间线面板中的素材进行了重命名，则会显示重命名的名称，如图 2-109 所示。

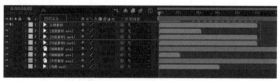

图2-109

> **📝 提示**
>
> 单击选中图层，右击该图层可以完成图层重命名、变换、冻结时间及预合成等操作。

每一个图层都有对应的功能图标，用于控制单个图层，而最上方的图标用于控制该合成的所有图层。合成中的功能图标不开启，即使单击开启单个图层的功能图标也不起作用，如图 2-110 所示。

6. 消隐工具

单击选中"人物素材"图层，然后单击该图层后的

"消隐"图标 ，此时图标会变成折叠状态 ，这代表"人物素材"图层会在时间线面板隐藏。但同时必须激活上方的"消隐"图标总开关 ，并让其显示为蓝色，如图2-111所示。

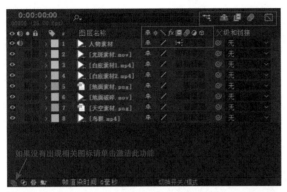

图2-110

图2-111

> **提示**
>
> 消隐工具是视频制作过程中的常用功能，当时间线面板中素材过多时可以用此功能，便于素材的管理。

7.栅格化工具

当时间线面板中有预合成时，"栅格化"图标 才会被启用，用于使预合成中的效果控件得以正常显示，如图2-112所示。

图2-112

8.质量工具

当某个素材添加太多效果控件或者素材本身分辨率比较大时，可以单击"质量"图标 以降低素材质量，加快制作和预览速度。

9.效果工具

为某个素材添加效果控件时，"效果"图标 才会被激活，它可以用于关闭该图层上的所有效果控件。

10.运动模糊工具

为素材添加位置、旋转等动画时，"运动模糊"

图标 会增加运动模糊效果，提升真实感。使用前也需要先开启"运动模糊"总开关。

11.调整图层工具

启用"调整图层"图标 会让当前图层变成调整图层，在调整图层上添加效果控件会影响该图层下方的所有图层。后续讲到图层类型时会详细说明。

12.3D图层工具

启用"3D图层"图标 后，图层将多出z轴选项。该工具用于调整图层在三维空间中的位置。

13.父级和链接工具

当给一个图层设置动画后，如果想让另外一个图层也跟着移动，可以使用父级和链接工具。

先在项目面板中找到"父子关系"合成，然后双击并进入该合成，合成中有一个红球带有位移动画，蓝球无动画，如图2-113所示。

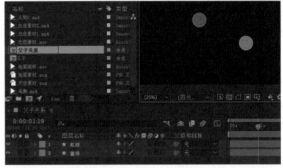

图2-113

如果想让蓝球跟着红球一起移动，只需要将蓝球的父级指定为红球。设置好后，当移动时间线时，蓝球就可以跟着红球一起移动，如图2-114所示。

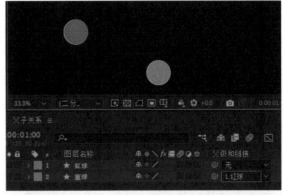

图2-114

如果不想通过选择的方式进行指定，可以通过一个类似"蚊香"的图标 ，即"父级关联器"来完成指定。用鼠标按住"父级关联器"图标不放,会出现一条蓝色的线,将它拖曳到"红球"素材上也可以完成父子关系的指定,这是一种便捷的操作方法,如图2-115所示。

图2-115

14.流程图工具

当AE工程比较复杂时,会在一个合成中新建多个预合成。预合成中也可能包含预合成,为了方便查看合成之间的关系,可以单击"流程图"图标,就能看到清晰的流程图,也可以直接按Tab键进行查看,如图2-116所示。

图2-116

15.图表编辑器工具

单击"图表编辑器"图标可以调整动画的运动曲线,在2.11节讲解关键帧动画时,会系统介绍此功能。

16.图层开关工具

在时间线面板左下角,单击"图层开关"图标,图标以蓝色高亮显示时,代表图层功能被激活。再次单击将看不到相关的功能图标。

17.转换控制工具

单击激活"转换控制"图标,时间线面板将出现图层的混合模式和轨道遮罩功能。混合模式用于图层之间的混合,轨道遮罩用于抠像。轨道遮罩功能将在抠像相关的章节讲解。

18.持续时间工具

单击激活"持续时间"图标,会看到每一个素材的时长及素材的入点和出点。

19.渲染时间工具

单击激活"渲染时间"图标,会看到单个素材渲染所需的时间。

> **提示**
>
> "图层开关"和"转换控制"图标经常使用,其他图标几乎用不到。

2.9.3 图层混合模式

如果想在时间线面板中看到图层混合模式,则必须开启"转换控制"图标,这样每个图层都会显示图层的混合模式。

单击图层的混合模式,会看到很多种混合模式,但这些功能没有必要全部掌握,只需要掌握三组经常使用的功能:"去亮组""去暗组"和"融合组"即可,如图2-117所示。

图2-117

"去亮组"选项中的所有混合模式都是用于去除图像或视频中的亮色,也可以称为白色。

"去暗组"选项中的所有混合模式都是用于去除图像或视频中的暗色,也可以称为黑色。

"融合组"(对比混合模式)中的混合模式都是用于融合图像的灰色信息,任何亮于50%灰色的区域都可能加亮下面的图像,而暗于50%灰色的区域都可能使底层图像变暗,从而增加图像对比度。

在AE中分别建立三个合成:"去亮组""去暗组"和"融合组",如图2-118所示。

图2-118

单击"去亮组"合成，上方的"白底素材2"为模拟电影划痕效果，下方为"人物2"。如果想将电影划痕素材的白色去掉并露出下方的人物素材，先单击电影划痕素材的混合模式，然后选择"去亮组"选项的任意一种模式进行测试，哪种模式的效果好就可以选择它。经测试，"相乘"模式的效果更加出色，如图2-119所示。

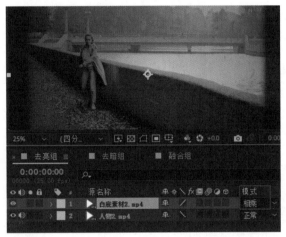

图2-119

单击"去暗组"合成，上方素材为光斑并带有黑底。如果想让上下两个素材进行融合，只需要移除上方素材的黑色即可。选中对应图层，在"去暗组"中挑选模式，测试后"屏幕"模式的效果更好，如图2-120所示。

图2-120

在进行特效合成时，经常会看到地面坍塌、墙壁脱落等效果，这些都可以通过特效素材来完成。这些特效素材一般以灰色显示，主要是为了让场景融合得

更好。进入"融合组"合成并单击选中"地面破碎"素材，再单击"融合组"选项中的效果进行测试，发现"强光"模式的效果更好，如图2-121所示。

图2-121

> 📝 **提示**
>
> 无论是"去亮组""去暗组"还是"融合组"，每个组别中都有很多种模式，这些模式的功能都是相似的，只是强度和效果不同，需要逐个测试后选择最好的效果。

2.9.4 实例：利用混合模式进行简单合成

Step01 本实例讲解利用混合模式完成简单的水墨转场效果。合成中的每个素材的时长都是一样的，此时需要对素材的时长进行裁剪，如图2-122所示。

图2-122

Step02 单击选中第一个图层，并将时间线移动到第2秒，按快捷键Alt+]。第一个图像就裁剪为2秒了，如图2-123所示。

图2-123

> 在使用快捷键时，必须将输入法切换到英文半角模式才能使用。

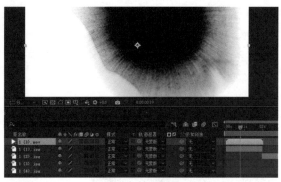

图2-129

Step⑬ 单击选中第二个图层，将时间线移动到第2秒，按快捷键Alt+[，再把时间线移动到第4秒，按快捷键Alt+]，就完成了第二个图像的裁剪，如图2-124所示。

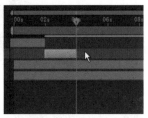

图2-124

Step⑭ 以此类推，把剩下的两个图像裁剪完毕，就完成了8秒的合成效果，如图2-125所示。

图2-125

Step⑮ 把工作区域末端拖曳到第8秒，右击并选择"将合成修剪至工作区域"。现在整个合成就只有8秒，如图2-126和图2-127所示。

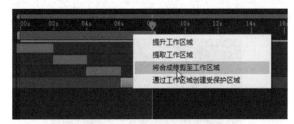

图2-126

图2-127

Step⑯ 添加转场效果。项目面板里有很多"水墨转场"素材，单击选择对应的素材并拖曳到时间线面板中，如图2-128所示。

Step⑰ 水墨素材是以黑白形式进行晕染的，如图2-129所示。

Step⑱ 单击选中水墨转场图层"1（3）"，将混合模式切换成"屏幕"，就可以把黑色去掉了，如图2-130所示。

图2-128

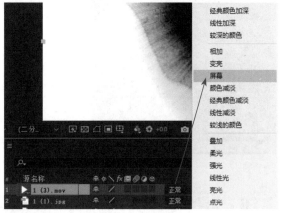

图2-130

Step⑲ 此时黑色被去掉，如图2-131所示。

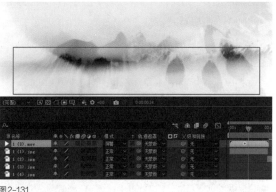

图2-131

Step⑳ 在项目面板中单击选择一个水墨转场效果并移动到图层"1（2）"的上层，如图2-132所示。

图2-132

Step⓫ 重复上述操作，就可以为4段素材添加水墨晕染的效果了。如果想保留水墨转场素材中的黑色，可以将混合模式切换成"相乘"，就能将白色去掉并保留黑色，如图2-133所示。

Step⓬ 这是将混合模式切换成"相乘"的效果，黑色保留了下来。把所有素材都添加水墨转场效果，这时8秒的视频就制作完成了，如图2-134所示。

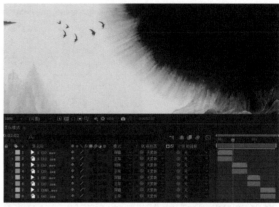

图2-134

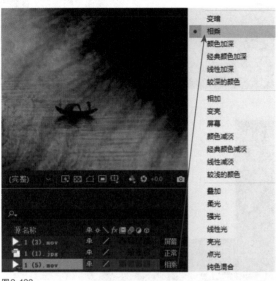

图2-133

2.10 图层的属性与特点

在AE合成的过程中，需要经常和图层打交道，不同的图层有不同的特点。通过本节的学习，能为后面的动画制作打好基础。

2.10.1 图层的五大属性

先单击图层前的下拉图标■，然后展开"变换"选项，将看到图层的"锚点""位置""缩放""旋转"和"不透明度"五大属性，如图2-135所示。

图2-135

除了在图层的"变换"选项中能看到图层的属性，在右侧的工具面板中也能看到对应的图层属性，如图2-136所示。如果没有显示图层属性面板，可以在菜单栏选择"窗口 > 属性"命令，调出该面板，如图2-137所示。

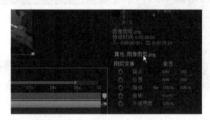

图2-136

图2-137

1.锚点工具

锚点工具包含两个轴向，x轴为水平方向，y轴为垂直方向。锚点默认在图像的正中间，调整x轴数值可以左右移动，调整y轴数值可以上下移动，如图2-138和图2-139所示。

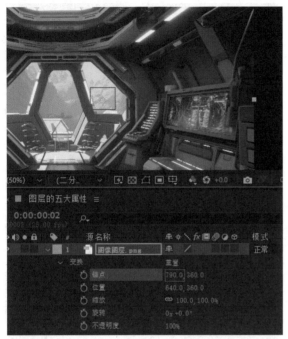

图2-138

图2-139

可以利用"锚点"图标█或调整锚点的数值对锚点进行移动。移动锚点后，当调整旋转、缩放等数值时，图层会以锚点为中心进行旋转和缩放，这就是锚点的特性，如图2-140和图2-141所示。

图2-140

图2-141

> 📝 **提示**
>
> 如果想恢复成默认数值，可单击"变换"选项右侧的"重置"█图标。

2.位置工具

用鼠标左键按住图层位置属性的x轴，并左右拖动鼠标，可以调整图像的水平位置；用鼠标左键按住位置属性的y轴，并左右拖动鼠标，可以调整图像的垂直位置，如图2-142和图2-143所示。

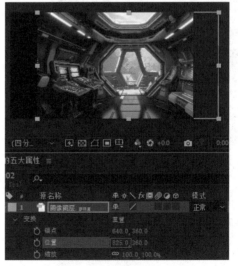

图2-142

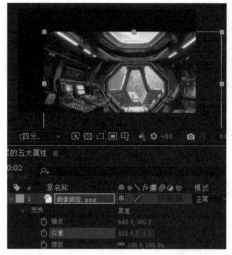

图2-143

如果想单独重置"位置"属性的数值,可以单击选中"位置"属性,再右击,然后单击"重置"选项,"位置"属性的参数就会重置,如图2-144所示。

图2-144

3. 缩放工具

缩放就是调整图层的大小,如果想精确控制缩放数值,单击x轴或y轴的数值,再输入数字即可,如图2-145所示。

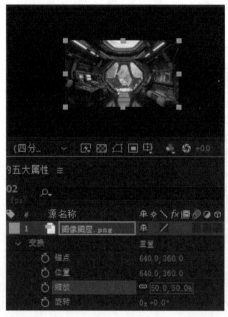

图2-145

缩放数值前有锁链图标■,该图标表示约束,即调整x轴的数值时,y轴的数值也会发生变化。如果想调整单个轴向的数值,单击■图标就可以取消约束,即调整x轴的数值时,不会影响y轴的数值,如图2-146所示。

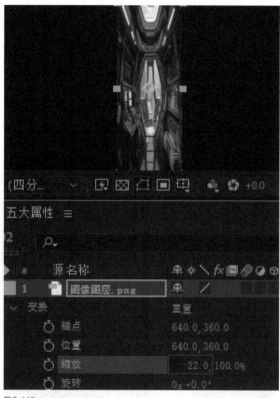

图2-146

4. 旋转工具

旋转是旋转角度的意思,它是以图层的锚点为中心进行旋转的。把旋转的数值调整超过360度之后,数值前面就多出一个"1"。左边的数值代表圈数,右边的数值代表度数,如图2-147所示。

图2-147

5. 不透明度工具

不透明度代表图层的透明状态,默认数值是100%,图像状态完全可见。将数值逐渐调小,图像会逐渐消失,如图2-148所示。

图2-148

📝 **提示**

图层的五大属性都有对应的快捷键：P（位置）、S（缩放）、R（旋转）、T（不透明度）和A（锚点）。当按下对应快捷键时，图层中只会出现该属性的参数。如果想查看多个属性，比如位置和缩放，只需要先按一下P键，再按快捷键Shift+S，就会出现位置和缩放两个属性，以此类推。

2.10.2　认识五种图层的类型及特点

本小节将讲解AE中不同的图层类型及特点，包括文本图层、纯色图层、空对象图层、形状图层和调整图层等。这些图层类型在制作视频时有着不同的作用。

1. 新建图层的方式

在菜单栏选择"图层 > 新建"命令，可以看到AE中的所有图层。常用的图层包括"文本""纯色""灯光""摄像机""空对象""形状图层"和"调整图层"等，可以在此处新建所需要的图层，如图2-149所示。

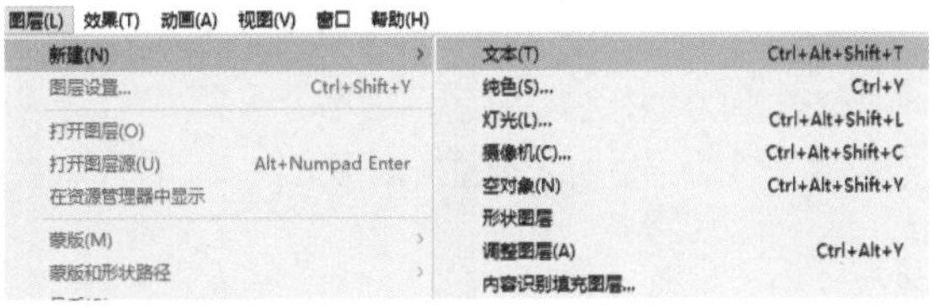

图2-149

右击时间线面板空白处，同样可以看到"新建"选项中的常用图层，如图2-150所示。

图2-150

2. 文本图层

在工具栏单击"文字工具"图标 **T**，新建一个文本图层。默认使用"横排文字工具" **T**，用鼠标左键长按"文字工具"图标会出现"直排文字工具" **IT**，根据需求选择即可，如图2-151所示。

图2-151

单击"横排文字工具"选项，然后把鼠标移动到合成面板上并单击，就可以用键盘输入文字了，如图2-152所示。

图2-152

如果开启了键盘上的Caps Lock键，移动时间线时，会提示"已禁用刷新（要刷新视图，请释放Caps Lock）"，如图2-153所示。取消Caps Lock键，这个提示就会消失。

图2-153

单击文本图层的"变换"属性，可以对文字进行旋转、缩放等操作。文字左下角是文本图层的锚点，当进行旋转、缩放时，是以这个锚点为中心进行调整的，如图2-154所示。

图2-154

如果想把锚点放置在文字的中心位置，单击时间线面板的文本图层，在菜单栏选择"图层 > 变换 > 在图层内容中居中放置锚点"命令，快捷键为Ctrl+Alt+Home，图层锚点位置会发生变化，如图2-155所示。

图2-155

📝 **提示**

如果想在时间线面板中删除文本图层，只需单击选中文本图层，再按Delete键就可以直接删除。文本图层中的属性会放在单独的章节里进行讲解。

3. 纯色图层

右击时间线面板空白处，然后单击选择"新建 > 纯色"命令，可以对纯色图层的名称、大小、颜色进行自定义，如图2-156和图2-157所示。一般情况下，纯色图层可以作为背景或者承载效果插件来使用。

图2-156

新建纯色图层后，上方图层会盖住下方图层，此时可以用"纯色"图层来承载效果插件。单击选中"黑色 纯色 1"图层，在菜单栏选择"效果 > 生成 > 高级闪电"命令，如图2-158所示。

图2-157

图2-158

此时"黑色 纯色 1"图层上生成了闪电效果，原来的黑色也不见了，如图2-159所示。

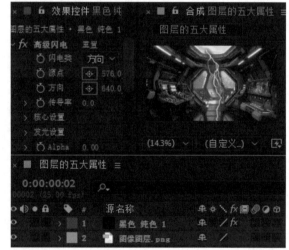

图2-159

4. 空对象图层

在时间线面板空白处右击，在弹出的菜单中选择"新建 > 空对象"命令，新建完毕后在合成面板中可以看到一个正方形红框，单击选中这个图层之后，可以对它进行移动，如图2-160所示。

图2-160

空对象图层可以与其他图层的属性产生父子级链接。比如想让空对象图层控制下方图层的位置，只需要单击选择"图像图层"图层，将其"父级和链接"指定为"空 1"图层，如图2-161所示。

图2-161

单击选择"空 1"图层，然后在合成面板中单击并拖曳红色框，置于下方的"图像图层"图层也会跟着移动，这就是空对象的特性。空对象图层常用于控制其他图层的位置、旋转、缩放等属性，如图2-162所示。

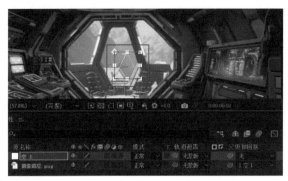

图2-162

5. 形状图层

在时间线面板空白处右击，选择"新建 > 形状图层"命令，然后展开"形状图层 1"的属性，再单击"添加"图标添加，给"形状图层 1"添加"矩形"和"填充"属性，如图2-163和图2-164所示。

图2-163

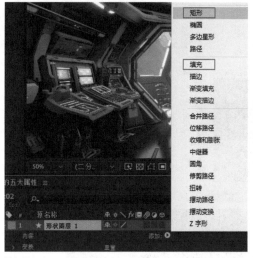

图2-164

此时可以看到在"形状图层 1"中有"矩形路径 1"以及"填充 1"两个属性，并且在合成面板中可以看到一个填充为红色的正方形，如图2-165所示。

图2-165

6. 调整图层

调整图层非常重要，它是一个透明的图层，不会盖住下方图层。在调整图层上添加调色命令或其他效果控件时，该图层下方的所有图层都会被影响。在时间线面板空白处右击，选择"新建 > 调整图层"命令，如图2-166所示。

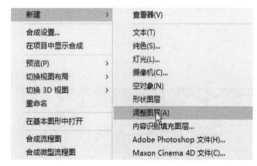

图2-166

单击选中"调整图层 1"，在菜单栏选择"效果 > 颜色校正 > 曲线"命令，再单击白色曲线并向上移动，画面变亮，并且会影响下方所有图层，如图2-167所示。

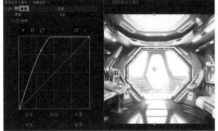

图2-167

在项目面板中将"视频素材"拖曳到时间线面板中，置于下层的"视频素材"图层也受到了上层"调整图层 1"的影响。因此，调整图层用于承载效果控件时，该图层下的所有图层都会被影响，如图2-168所示。

图2-168

📝 **提示**

时间线面板中有一个调整图层图标，当此图标在某一图层被激活时，任何图层都可以变为调整图层，如图2-169所示。一般情况下不会激活调整图层图标，而是直接新建一个调整图层。

图2-169

上文讲解了文本图层、纯色图层、空对象图层、形状图层和调整图层五种类型。摄像机、灯光这两种图层类型用于三维场景合成，会放在单独的章节里进行讲解。

2.10.3 图层样式对图层的影响

1. 投影

单击选中时间线面板的一个素材，找到右侧工具面板中的图层属性面板，将"缩放"属性的数值调小一些，如图2-170所示。

图2-170

在时间线面板单击选中对应的图层，然后在菜单栏选择"图层 > 图层样式 > 投影"命令，如图2-171所示。图层样式里有很多个选项，包含"投影""内阴影""外发光""光泽"等。

图2-171

由于投影和背景都是黑色，就需要激活"切换透明网格"图标，然后把合成面板放大，图像下方就会有一点点黑边，这就说明有投影效果了，如图2-172所示。

图2-172

在时间线面板单击对应的图层，展开图层的属性，再选择"图层样式＞投影"选项，"投影"属性里包含很多个参数，可以利用这些参数将画面中的投影调整得立体一些，如图 2-173 所示。

图 2-173

投影属性中主要参数介绍如下。

➡ **颜色：** 修改投影的颜色。

➡ **距离：** 调整投影距离图像的远近。

➡ **扩展：** 可以将投影向外扩充。

➡ **大小：** 可以将投影放大或变小。

2. 内阴影

先单击"投影"属性，按 Delete 键将其直接删除，然后在菜单栏选择"图层＞图层样式＞内阴影"命令，内阴影会以图像边缘为基础，向内产生阴影。接着展开"内阴影"的属性，"内阴影"的属性跟"投影"的属性相似，如图 2-174 所示。

3. 描边

单击"内阴影"并按 Delete 键将其删除，然后在菜单栏选择"图层＞图层样式＞描边"命令，此时会以图像的边缘进行描边，可以利用这种方法给图像添加边框。这里可以设置描边的颜色，甚至选择内部描边或者外部描边，如图 2-175 所示。

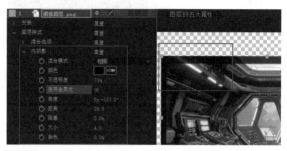

图 2-174

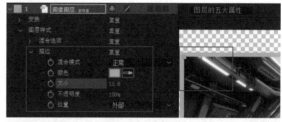

图 2-175

图层样式中的属性很多，参数易懂，其中最常用的是"投影"和"描边"两个效果。

本小节关于图层样式的内容就讲解完毕了，在制作一些图像文件时可能会用到图层样式，但在特效合成时，图层样式的使用相对较少。

2.11　关键帧

关键帧是 CG 动画制作中的术语，在前面的章节中介绍了动态影像的最小单位为帧。而关键帧就是在关键时刻记录动画，用于记录动画的开始和结束状态。所以最简单的动画必须有两个关键帧，且关键帧记录的时刻和运动状态不同才会形成动画。

2.11.1　关键帧动画制作技巧

接下来以图层的五大属性为例来讲解 AE 的关键帧动画制作技巧。

1. 如何制作关键帧动画

打开 AE，新建分辨率为 1920×1080 的合成，利用图形工具绘制一个圆形。在工具栏单击"椭圆工具"图标，按住 Shift 键的同时在合成面板中绘制一个白色的圆形，如图 2-176 所示。

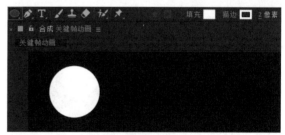

图 2-176

现在圆形的锚点没有居中放在圆形的正中间位置，需要对锚点进行重置。在菜单栏选择"图层＞变换＞在图层内容中居中放置锚点"命令，锚点就会在圆形的正中间位置，如图 2-177 所示。

单击选取工具，并把圆形移动到合成面板中合适的位置，然后把时间线移动到第一帧，接下来为圆形制作动画。

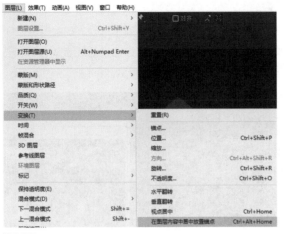

图2-177

在时间线面板单击展开"形状图层 1"的"变换"属性，并单击激活"位置"属性左侧的"码表"图标。图标以蓝色高亮显示，证明已经激活。随后在时间线上会出现一个关键帧，如图2-178所示。

图2-178

如果现在移动时间线，会发现圆形没有移动，那是因为只记录了一个关键帧，并没有记录圆形运动的过程。

将时间线移动到第8秒左右的位置，然后单击并拖曳"位置"属性中x轴的数值，或者在合成面板单击白色圆形，将其向右侧拖曳，这样就可以让圆形移动起来。现在时间线上有两个关键帧，白色圆形移动的动画也就产生了，如图2-179所示。

图2-179

解释一下这两个关键帧的含义。假设第一个关键帧的x和y轴代表北京的经度和纬度，过了一段时间，圆形移动并到达第二个关键帧所在地——上海。两个关键帧的数值发生了变化，也就是说从第一个关键

帧（北京）经过了8秒的时间到达了第二个关键帧（上海）。在两个关键帧之间，如果数值产生了变化，那么一定会产生动画，如图2-180所示。

图2-180

如果时间到了"上海"这个关键帧之后，白色圆形在此处停留，没有移动，时间线再向后移动，白色圆形仍会处于静止的状态，这段静止的时间同样需要记录关键帧。

单击"码表"图标左侧的"添加关键帧"图标，那么此时两个"上海"关键帧就代表白色圆形的位置没有发生变化，只是消耗了时间，如图2-181所示。

图2-181

如果想让白色圆形再次移动，只需要将时间线向右侧移动，并再次调整"位置"属性的数值，第四个关键帧为"杭州"，如图2-182所示。

图2-182

第二个关键帧和第三个关键帧都处于静止状态，当时间线在此区间移动，白色圆形不会发生变化，如图2-183所示。

图2-183

如果删除第三个关键帧（按Delete键），那就说明从第二个关键帧到最后一个关键帧之间，白色圆形的位置产生了变化，白色圆形就不会在"上海"位置停留，也就不会保持静止状态，如图2-184所示。

图2-184

一定要记住，如果想让物体在运动状态中产生静止的效果，必须给它制作两个数值一样的关键帧，这样才会产生静止状态，如图2-185所示。

图2-185

现在只是在"位置"属性上制作了关键帧动画，如果想让白色圆形在移动的过程中产生缩放和旋转动画，也是使用同样的方法。

先单击时间线并移动到第一帧，然后单击激活"缩放"和"旋转"属性左侧的"码表"图标，接着移动到第二帧并调整数值。只要数值发生了变化，就会产生缩放和旋转的动画。从第一帧到第二帧，它既产生了缩放，又产生了旋转，这就是制作关键帧的技巧，如图2-186所示。

图2-186

在时间线上已经制作了多组关键帧，如何精确地定位到每一组关键帧呢？可以看到在"位置"属性左边有左右两个箭头，单击右边的箭头，就定位到位置的下一关键帧，再次单击又定位到下一关键帧，这就是精准定位关键帧的方法，如图2-187所示。

图2-187

> **提示**
>
> 如果不想通过单击箭头定位关键帧，上一帧和下一帧对应的快捷键为J和K。

如果想删除某一个属性的所有关键帧，比如"旋转"属性的关键帧，只需要单击它前面的"码表"图标，图标不以蓝色高亮显示，该属性上的所有关键帧就会被全部删除，其余属性的删除方法也是如此，如图2-188和图2-189所示。

图2-188

图2-189

2.关键帧快速调整方法

移动关键帧：单击选中一个关键帧，可以用鼠标拖曳进行移动。用鼠标左键框选关键帧，可以进行批量移动。

复制关键帧：单击需要复制的关键帧，按快捷键Ctrl+C复制，然后将时间线移动到对应的位置，按快捷键Ctrl+V粘贴。

缩短动画时间：现在制作的是从0到16秒的动画，如果想缩短成10秒的动画，先用鼠标左键框选所有关键帧，按住Alt键，然后单击选中最后一帧并向左拖曳。动画会以最后一帧为基准，向左持续缩短时长，最后把整个关键帧动画的时长缩短成10秒，如图2-190和图2-191所示。

图2-190

图2-191

如果在一个图层的各个属性上记录了很多关键帧，想快速调用，只需要单击对应的图层，并按U键，记录关键帧的属性就会被调用出来。

在关键帧面板上，可以指定关键帧的类型，让白色圆形的运动为慢→快→慢的效果。

先用鼠标左键框选前两个关键帧，如图2-192所示。

图2-192

然后右击关键帧，选择"关键帧辅助 > 缓动"命令，或按F9键，如图2-193所示。

图2-193

添加"缓动"属性后，这两个关键帧就变成了小沙漏的形状██，如图2-194所示。按空格键播放，白色圆形就会产生慢→快→慢的运动效果，这种效果符合物体运动的状态。关键帧缓动是经常使用的一种手法。

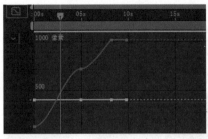

图2-194

3. 关键帧图表查看方法

用鼠标左键框选两个缓动关键帧，单击"图表编辑器"图标██，此时会弹出关键帧的曲线面板，如图2-195所示。

将图表类型改为"编辑速度图表"，这里的速度代表物体的运动速度，如图2-196所示。

图2-195

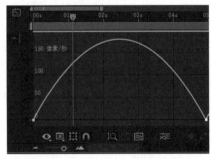

图2-196

单击"放大（时间）"图标██可以将图表放大，或者直接使用放大快捷键+和缩小快捷键−对图表进行调整，此时图表的x轴代表时间，y轴代表物体运动的速度，如图2-197所示。

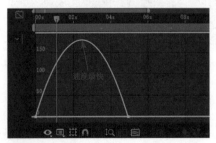

图2-197

白色圆形从第0帧开始运动，它的速度逐渐提升，到2.5秒左右，它的速度达到了最高点，也就说明这时它的速度是最快的，然后逐渐减速直到停止，如图2-198所示。

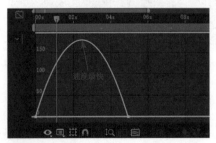

图2-198

如果想取消图表显示，再次单击"图表编辑器"图标，就可以返回关键帧页面，如图2-199所示。

图2-199

2.11.2 关键帧曲线

上一小节讲解了关键帧，同时也简单介绍了关键帧曲线如何查看和使用。关键帧曲线是制作动画过程中经常使用的工具，它可以自定义物体的运动速度及方式。本小节将深入了解关键帧曲线。

1. 运用速度图表

AE工程文件中有红、蓝、黄、白四个小球，这四个小球以同样的速度和时间到达终点。如果想改变小球的速度，必须使用速度图表。用鼠标左键框选所有的图层，按U键调出所有图层的关键帧，如图2-200所示。

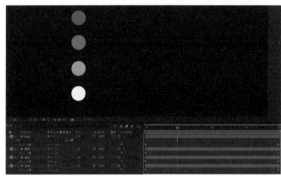

图2-200

先单击选中红球的第一个关键帧，然后按Shift键，单击加选另一个关键帧，或者用鼠标左键直接框选，再按F9键，就变成了缓动的动画，如图2-201所示。

图2-201

按空格键播放，会看到红球的运动一开始很慢，然后中间加速，最终四个球会同时到达终点，如图2-202所示。

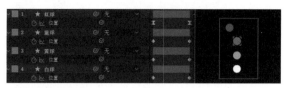

图2-202

用同样的方法，把蓝、黄两个小球也调整成缓动的模式。对比观察，前三个小球的运动速度是一样的，如图2-203所示。

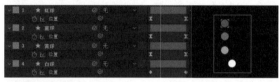

图2-203

用鼠标左键框选白色小球的两个关键帧，然后单击"图表编辑器"图标，如图2-204所示。

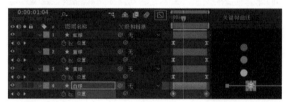

图2-204

将图表类型改为"编辑速度图表"，如图2-205所示。

现在白球的速度在图表里显示为一条直线，这代表白球从开始到结束是匀速运动的，如图2-206所示。

图2-205

图2-206

用鼠标左键框选蓝色小球的两个关键帧，单击"图表编辑器"图标，将图表类型改为"编辑速度图表"，可以看到一条曲线。蓝色小球一开始运动速度很慢，到第2秒的时候速度达到了顶峰，然后逐渐降速，如图2-207所示。这就是设置缓动的效果。

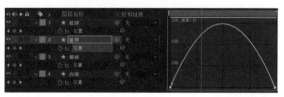

图2-207

2.速度曲线的调整方式

先找到对应的关键帧，左边代表的是第一个关键帧，右边代表的是第二个关键帧。单击关键帧点，会出现对应的黄色杠杆，如图2-208所示。

图2-208

单击第一帧，并向右边拖曳杠杆，让曲线发生变化，如图2-209所示。

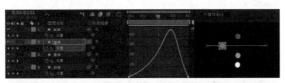

图2-209

提示

红球的运动是一开始慢，到第2秒达到速度的顶峰，再逐渐下降；蓝球的运动是一开始很慢，到第3秒的时候达到速度的顶峰，再开始降速。最终红球和蓝球一起到达终点。利用速度曲线可以调整动画速度。

用鼠标左键框选黄球的两个关键帧，单击"图表编辑器"图标，将图表类型改为"编辑速度图表"，单击第一帧并将黄色杠杆向左拖曳，单击第二帧也将黄色杠杆向左拖曳，从0秒开始，黄球的速度超级快，然后逐渐降速，如图2-210所示。

图2-210

最后观察四个小球的动画，黄球一开始很快，最后四个小球同时到达终点，如图2-211所示。

图2-211

提示

速度图表是用来调整动画运动速度的，它并不影响物体最终的距离以及时间。

2.12 常见的表达式动画应用

上一小节介绍了手动制作关键帧动画的技巧，其实在AE中也可以通过输入数学公式来自动制作关键帧动画，这种动画制作方法在AE中被称为"表达式"。本节将介绍三种常用的表达式动画，分别为"time"时间表达式、"loop"循环表达式和"wiggle"抖动表达式，通过这三种表达式可以制作出很多有意思的动画。

2.12.1 "time"时间表达式

在制作关键帧动画时，通常需要针对某个属性进行调整。例如"旋转"属性，一般通过手动添加关键帧的方式来记录动画。很多时候，并不需要频繁地制作关键帧，只需输入一串简单的时间代码，即可完成动画制作，而且动画的时长会跟随合成的时长进行变化。下面介绍如何调出"time"表达式。

先单击选中图层，按R键调出"旋转"属性，然后按住Alt键并单击"旋转"属性左侧的"码表"图标。这时数值变成了红色，还出现了表达式的字样，同时右侧的时间线面板上出现了对应的字符。只需要在这里输入相应的字符，就可以完成表达式的填写，如图2-212所示。

图2-212

在输入"time"表达式时，只能使用英文小写字母，不知道书写规范时可以单击"添加表达式"图标 ，再选择"Global > time"命令进行添加，如图2-213所示。

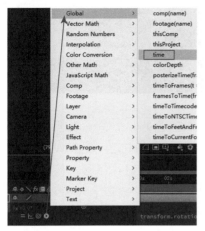

图2-213

添加完成后，"time"表达式会自动填入表达式输入框，如图2-214所示。

图2-214

在"time"后边输入"*"，再输入"50"，如图2-215所示。"time*50"的意思是"时间×旋转数值"。

图2-215

将时间线移动到第1秒，会发现旋转数值变成了50，如图2-216所示；将时间线移动到第2秒，旋转数值变成了100；移动到第3秒，旋转数值变成了150。具体的意思是，当时间为1秒时，乘以50就是50度；当时间为2秒时，乘以50就是100度。以此类推，随着时间的推移，旋转数值会逐渐增大。

图2-216

当熟悉表达式之后就可以直接输入了。将输入法切换成英文小写状态，输入"time"时，系统就会弹出对应的表达式，如图2-217所示。

图2-217

在表达式输入框中输入"time*10"，篮球图像就会按顺时针方向进行旋转，且每秒增加10度。如果想要篮球图像按逆时针方向进行旋转，只需要在"time"前加一个"-"即可。因为此时是以负值形式进行旋转的，如图2-218所示。

图2-218

如果想禁用表达式，单击以蓝色高亮显示的等号图标 后，上面会出现一个斜杠 ，这表示表达式已经被禁用。如果想再次启用，只需再次单击该图标，表达式就会重新启用，如图2-219所示。

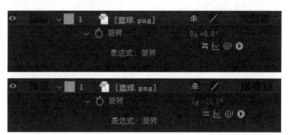

图2-219

如果想清除表达式，只需要用鼠标左键框选表达式，再按Delete键将其删除，对应的数值就不会以红色进行显示了，如图2-220所示。

图2-220

2.12.2 "loopOut"循环表达式

上一小节介绍了"time"表达式，利用"time"表达式可以快速制作旋转动画。这一小节将介绍"loopOut"循环表达式，利用循环表达式可以制作物体的循环动画。

1. 添加循环表达式

单击时间线并将其移动到第0秒位置，然后单击激活"位置"属性左侧的"码表"图标◎，接着将时间线移动到第2秒，拖曳"位置"属性的*x*轴参数，篮球会移动。在第0秒到第2秒的时间里，篮球就完成了横向移动的动画，如图2-221所示。

图2-221

如果想让动画一直重复播放，可以通过循环表达式来控制动画的重复属性。按住Alt键，单击"位置"属性左侧的"码表"图标◎调出表达式。再单击"添加表达式"图标◎，选择"Property > loopOut"命令，将表达式添加到输入框，如图2-222所示。

图2-222

循环表达式中，"type"是指循环类型，"numKeyframes"是指以第一个关键帧为起点，设定循环基本内容的关键帧数目，数值"0"代表了所有帧进行循环，如图2-223所示。

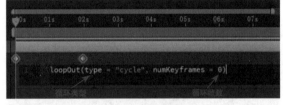

图2-223

播放后可以看到，当动画结束之后，又从头开始重复播放，这就是"cycle"循环的表现形式。

2. 循环表达式的书写方法

循环的类型有很多种，例如"pingpong"，它可以像打乒乓球一样，往返循环。如果想使用这种类型，只需要把表达式中的循环类型改成"pingpong"即可，如图2-224所示。

图2-224

单击时间线面板空白处可结束输入表达式，按空格键播放动画，可以看到篮球在进行重复运动。

除了上述书写方法，还可以在表达式输入框中输入"loop"，利用键盘上的方向键选择"loopOut"表达式，按Enter键确认。切换到英文输入法，输入单引号，可以选择循环类型。然后输入英文的"，"，再输入"0"，这个表达式就输入完成了，如图2-225所示。

图2-225

> 📝 **提示**
>
> 这两种添加循环表达式的方式可以根据自己的习惯来选择。需要注意的是，表达式一定要在英文输入法状态下输入，否则软件会报错。

2.12.3 "wiggle"抖动表达式

本小节将讲解"wiggle"抖动表达式。在制作动画的过程中，如果想让物体无规律地运动，通常需要记录多个关键帧，这样的调整过程相对烦琐。此时，可以利用抖动表达式来轻松实现抖动效果，比如地震抖动特效、手持相机运动效果等。

"wiggle"表达式可以在"位置"属性或"缩放"属性上进行添加，这里以"位置"属性进行举例。先按住Alt键并单击"位置"属性左侧的"码表"图标以激活表达式，然后单击表达式输入框，切换为英文输入法，输入"wiggle"，在括号中输入"3,5"，这个表达式就输入完成了，如图2-226所示。

图2-226

表达式"wiggle（3,5）"中，"wiggle"代表抖动，"3"代表抖动的速度，"5"代表抖动的幅度。如果想让抖动的速度加快，就把"3"的数值提高；如果想让

抖动的幅度加大，就把"5"的数值提高，如图2-227
所示。可以利用这种方法控制"摄像机"图层的"位置"
属性，模拟晃动效果或者地震时镜头的摇晃效果。

图2-227

"wiggle"表达式也可以用于"缩放"属性中。先
用鼠标左键框选上文输入的表达式并按快捷键Ctrl+C
复制，然后按住Alt键并单击"缩放"属性左侧的"码
表"图标，接着将复制好的表达式按快捷键Ctrl+V粘
贴到"缩放"表达式的输入框中。可以看到篮球产生了
随机缩放的动画，如图2-228所示。

图2-228

上述添加表达式的方法都是通过直接输入来完成
的。很多时候需要通过一个图层中的属性去控制另外
一个图层的属性。例如，可以通过新建一个"空对象"
来控制其他图层的属性，如图2-229所示。

图2-229

如果想让"空对象"图层的位置控制篮球的位置，
可以使用"链接"属性来完成。

首先，按住Alt键并单击"空对象"图层下"位置"
属性左侧的"码表"图标，调出表达式。再按住Alt
键并单击"篮球"图层下"位置"属性左侧的"码表"
图标，调出篮球位置的表达式。

接着，找到"篮球"图层下"位置"表达式右侧的
■图标，单击并将其拖曳到"空对象"图层下的"位置"
属性上，实现篮球位置与空对象位置的链接，链接后
会出现对应的表达式效果，如图2-230所示。

图2-230

最后，单击时间线面板空白处，完成表达式链
接。可以看到篮球的位置已经发生了变化。此时，移
动空对象图层的位置，篮球也会跟着移动。这就是通
过表达式关联器进行表达式链接的方法，如图2-231
所示。

图2-231

> **提示**
>
> 目前只是利用位置属性进行简单的链接。如果
> 涉及其他复杂属性，也可以通过相应的关联器进行
> 链接，实现单个属性控制多个物体。

2.13 综合训练：运用图层绑定让汽车动起来

本节将讲解如何利用表达式和关键帧，让画面中
的汽车动起来。在制作这种动画的时候，为了方便后
续动画的制作，会通过图像处理工具对原始图像进行
分层。

合成中包括四个图像，依次是"前轮""后轮""车
身"和"背景"。

Step01 单击选中"前轮"图层，激活该图层的"独显"
图标■。当调整"旋转"属性的数值时，若"前轮"图
像没有在轴点进行旋转，有两种方法可以解决。

第一种，先单击选择"前轮"图层，然后在工具

栏单击"锚点"
图标，接着将锚
点移动到车轮的
轴心，可以看到
图层的边框也保
留在里边了，如
图2-232所示。

第二种，先
单击选择"前轮"

图2-232

图层，然后按快捷键Ctrl+Shift+C为"前轮"图层添加

预合成，将预合成命名为"前轮"，如图2-233所示。现在前轮是一个单独的合成。

图2-233

Step 02 双击预合成"前轮"图标，进入内部后，在合成面板下方单击"目标区域"图标，对"前轮"图层进行裁剪。裁剪完毕后在菜单栏选择"合成＞裁剪合成到目标区域"命令，此时合成的大小与前轮的大小一致，如图2-234所示。

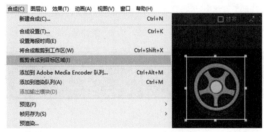

图2-234

Step 03 返回总合成中，可以看到"前轮"图层是一个单独的合成。如果"前轮"位置出现偏移，手动调整一下进行对位，然后单击"锚点"图标，用鼠标左键将锚点移动到轮子的中心位置，在属性面板的"图层变换"属性中调整"旋转"选项，如图2-235所示。现在轮子就正常旋转了。

图2-235

Step 04 "后轮"和"前轮"图层的制作方法是一样的。单击"后轮"图层并按Delete键将其删除，接着单击制作好的"前轮"图层，按快捷键Ctrl+D复制一个图层并重命名为"后轮"，在右侧属性面板中调整"位置"属性的 x 轴数值，将它移动到后轮所在位置，如图2-236所示。

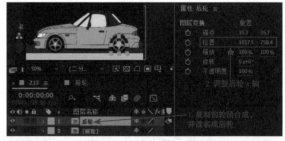

图2-236

Step 05 车身移动时，轮子是跟着车身一起移动的，所以需要把"前轮"和"后轮"图层的父级指定为"车身"图层，如图2-237所示。

图2-237

> **提示**
>
> 父子级关系的特性是，父级图层移动会带着子级图层一起移动，而子级图层移动不会影响父级图层。可以利用父子级关系的特性来制作轮子的动画。

Step 06 接下来制作车身动画。单击"车身"图层的"变换"属性，或者单击选中"车身"图层，在右侧对应的属性面板中进行调整，如图2-238所示。

图2-238

Step 07 单击"车身"图层的时间线并移动到第0秒的位置，再单击激活"位置"属性左侧的"码表"图标，然后调整"位置"属性的 x 轴数值，将汽车移出右侧画面，接着单击时间线并移动到第4秒的位置，最后调整 x 轴的数值，让汽车从右至左移动出画面，如图2-239所示。

图2-239

图2-241

图2-242

的幅度为6，这两个数值可以根据具体情况进行修改，如图2-242所示。

Step08 现在车身是移动的，但轮子没有转动。单击"后轮"图层，按住Alt键并单击激活"旋转"属性左侧的"码表"图标。在表达式输入框输入"-time*80"，此表达式代表轮子进行逆时针旋转，每增加一秒，旋转数值增加80度，如图2-240所示。

图2-240

Step09 按快捷键Ctrl+C复制"后轮"图层的表达式，找到"前轮"图层并激活其"旋转"属性中数值的表达式，再按快捷键Ctrl+V粘贴到表达式输入框，如图2-241所示。这样前轮和后轮都旋转起来了，如果感觉轮子旋转过慢或者过快，可以增加或者降低数值"80"。

Step10 接下来做出汽车在行驶过程中产生颠簸的动画。单击"车身"图层，然后单击"位置"属性左侧的"码表"图标■激活表达式。切换为英文输入法，输入表达式"wiggle（3,6）"，表示抖动的速度为3，抖动

> 📝 **提示**
>
> 若键盘上的Caps Lock键处于激活状态，AE会提示禁用刷新，再按一下Caps Lock键就能解决这个问题。

Step11 现在汽车动画就制作完毕了。如果想让汽车的运动更加真实，可以给制作动画的图层开启运动模糊，这样汽车在运动的时候就会增加一些真实的运动模糊感，如图2-243所示。

图2-243

2.14 课后练习：运用父子级关系制作机械臂动画

经过第2章的学习，我们了解了AE的一些基础知识，为了巩固所学知识需完成以下课后练习。

（1）通过搜索引擎搜索并下载机械臂图像，风格不限。

（2）参考2.13节的综合训练案例，对机械臂图像进行层级拆分。

（3）利用父子关系及锚点等知识，制作简单的机械臂动画。

第3章 文字图形动画设计与制作

本章将系统介绍如何使用AE设计和制作文字和图形动画。AE中的文本工具非常强大，可以利用文本动画属性及动画预设制作很多有意思的文字动画效果。而形状图层作为AE中的矢量图层，可以制作MG动画（图形动画）。本章最后会通过制作动态文字Logo演绎动画来综合训练相关功能的使用方法。

学习资料所在位置	学习资源 \ 第3章

3.1 "字符"面板

输入文字时，"字符"面板可以调整文字的字体、大小、颜色、字符间距等，接下来将讲解如何使用"字符"面板修改文字效果。

3.1.1 调出"字符"面板

在工具栏单击 T 图标，然后单击合成面板就可以直接输入文字。输入"AE2024"完毕后，在时间线面板单击选中该图层，右侧会出现"字符"面板，如图3-1所示。

如果没有出现"字符"面板，可以在菜单栏选择"窗口＞字符"命令，如图3-2所示。此时"字符"面板就会出现。

图3-1

图3-2

3.1.2 介绍"字符"面板

"字符"面板如图3-3所示，下面介绍其中各种参数的功能。

1. 字体样式

单击字体样式右侧的下拉图标 ，可以更改字体的样式。

2. 填充颜色与描边颜色

通过填充颜色与描边颜色功能 可以修改文字的颜色以及描边的颜色，两种效果可以通过单击弯曲的双箭头 图标进行切换。单击选中文字，再单击填充颜色图标，可以自定义文字的颜色，如图3-4所示。

图3-3

图3-4

如果只想设置字体的描边颜色，取消填充文字颜色，则可以单击弯曲的双箭头进行切换，如图3-5所示。

如果想让图3-4中的描边和填充颜色同时存在，需要把两个图标同时激活。此时只需要先单击带有斜杠的颜色块，再增加一种描边颜色即可，如图3-6所示。

图3-5

图3-6

3. 文字大小

：数值越大文字越大，数值越小文字越小。

4. 行距

：数值越大行距越大，数值越小行距越小。

5. 字符间距

：可更改每个字符之间的距离，数值越大字符间距越大，数值越小字符间距越小。

6. 描边像素

：数值越大描边越粗，数值越小描边越细。

7. 垂直缩放

：可更改文字垂直方向的长度，数值越大文字越长，数值越小文字越短。

8. 水平缩放

：可更改文字水平方向的宽度，数值的变化会让文字在横向上被拉长或缩短。数值越大文字越宽，数值越小文字越窄。

9. 基础偏移线

：调整数值后，整个文字都会进行移动，相当于变换属性。

10. 字符比例间距

：可以设置每一个字符之间的间距。

11. 字体加粗

：可以让字体变粗。

12. 字体倾斜

：可以让字体变得倾斜。

13. 全部大写字母

当段落中出现英文字母时，单击 图标后，英文字母全部变为大写。

14. 小型大写字母

单击激活 图标，输入的英文字母外观与大写字母相同，但比大写字母尺寸要小。

15. 上标和下标

单击选中文字，再单击"上标"图标 ，文字会向上移动；单击"下标"图标 ，文字会向下移动，如图3-7所示。

图3-7

16. 重置字符

调整"字符"面板中的数值后，如果文字发生了变形，可以单击右上角的三条横杠图标 ，然后单击"重置字符"，如图3-8所示。此时所有的文字参数会恢复为默认数值。

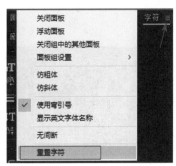

图3-8

3.2　"段落"面板

调整段落时，可以通过"段落"面板调整文字的段落排列方式，但只能用于文本图层。

3.2.1　调出"段落"面板

"段落"面板在右侧的工具面板中。如果右侧工具面板中没有找到此功能，可以在菜单栏选择"窗口 > 段落"命令，"段落"面板即可出现在界面右侧。"段落"面板中常用的工具为"左对齐""居中对齐"和"右对齐"，如图3-9所示。

图3-9

3.2.2 "段落"面板的使用方法

1. 以图层锚点对齐

单击文本图层，然后单击"段落"面板中的"左对齐"图标■，文字就会以图层左侧锚点进行对齐；单击"居中对齐"图标■，文字就会以图层中心锚点进行对齐；单击"右对齐"图标■，文字就会以图层右侧锚点进行对齐，如图3-10所示。

图3-10

2. 文字对齐

用鼠标左键全选段落的文字，然后单击"左对齐"图标■，文字以左侧第一个字符进行对齐；单击"居中对齐"图标■，文字以段落的中心位置进行对齐；单击"右对齐"图标■，文字以右侧最后一个字符进行对齐，如图3-11所示。

图3-11

这就是段落工具的基本使用方法。在进行文字排版时，会经常使用该功能。为了让文字排列整齐，可以在输入文字前先选择对齐方式，以免重复操作文字对齐方式。

3.3 "对齐"面板

"对齐"面板和"段落"面板针对的图层有所不同，"段落"面板只针对文本图层，而"对齐"面板可以应用于其他图层。接下来介绍对齐工具的使用技巧。

3.3.1 调出"对齐"面板

当右侧工具面板中没有"对齐"面板时，可以在菜单栏选择"窗口 > 对齐"命令，调出"对齐"面板，如图3-12所示。

图3-12

3.3.2 介绍"对齐"面板

"对齐"面板中的功能会将所选图层对齐至合成的边界。以下六种图标从左到右分别为"左对齐""水平对齐""右对齐""顶部对齐""垂直对齐"和"底部对齐"，如图3-13所示。

图3-13

1. 对齐样式

单击选择文本图层，再逐一单击六种对齐图标，可以看到六种不同的对齐效果，如图3-14所示。

图3-14

①默认文字在画面的中间位置，当单击"左对齐"图标■时，文本图层边框的最左侧就会与合成边框的最左侧进行对齐。

②单击文字并将其移到画面的左下角，再单击"水平对齐"图标■，文本图层就会在合成边框的水平方向上进行居中对齐，但并没有居中到画面的中心位置。

③单击"右对齐"图标■，文本图层边框的最右侧就会与合成边框的最右侧进行对齐。

④单击"顶部对齐"图标■，文本图层就会以合成边框的顶部进行对齐。

⑤单击"垂直对齐"图标■，文本图层就会在合成边框的垂直方向上进行居中对齐。

⑥单击"底部对齐"图标■，文本图层就会以合成边框的底部进行对齐。

> **提示**
>
> 上述步骤需要连续操作。对齐工具除了可以对齐文本图层，还可以对齐图像、视频和纯色图层等。

2. 快速居于正中对齐

如果想让图像或者文字等图层素材以居于正中的形式在合成面板中呈现，此时只需先选中图层，然后单击"水平对齐"■和"垂直对齐"■图标即可，如图3-15所示。

图3-15

3.4 文本图层属性和动画属性

文字动画是制作视频过程中经常使用的表现手法。此功能可以手动给文字添加动画，也可以使用超级强大的预设库给文字添加动画。本节将详细介绍文字的动画功能，并制作简单的文字排版动画。

3.4.1 源文本及路径选项

在一些特定的情况中，需要给文字制作倒计时动画或者让文字以指定的路径进行显示，这时就可以用"源本文"和"路径选项"来完成动画制作。

在工具栏单击"文字工具"图标■，接着在合成面板中输入数字"5"，最后单击展开"文本"选项。此时可以看到图层的属性中包含"源文本"和"路径选项"，如图3-16所示。

图3-16

1. 源文本

将时间线移动到0秒位置，然后单击激活"源文本"属性左侧的"码表"图标■，随后画面中就会出现一个方形关键帧。这表示在0秒时，数字显示为5，如图3-17所示。

图3-17

①把时间线移动到第1秒，接着把图层"T"中的数字改为4。

②把时间线移动到第2秒，接着把图层"T"中的数字改为3。

③把时间线移动到第3秒，接着把图层"T"中的数字改为2。

④把时间线移动到第4秒，接着把图层"T"中的数字改为1。

⑤把时间线移动到第5秒，接着把图层"T"中的数字改为0。

通过这种方法可以制作一个数字倒计时动画，顺序为从5到0，如图3-18所示。

图3-18

2. 路径选项

新建文本图层，输入"AE2024"。单击文本图层，选择钢笔工具，在合成面板中绘制路径，如图3-19所示。

图3-19

📝 **提示**

在输入文字时，常见的文字排版包含横排和竖排，如果想自定义文字路径，可以单击选中对应的文本图层，然后利用钢笔工具自定义路径。

上面绘制的路径会以蒙版的形式进行显示。在"路径"中选择"蒙版1"选项，此时文字会以绘制的路径进行显示，如图3-20和图3-21所示。

图3-20

图3-21

文本图层的"路径选项"中包含了一些其他属性，可用于控制文字在路径上的显示方式，如图3-22所示。

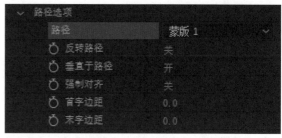

图3-22

→ **反转路径**：默认是关闭的状态，单击打开之后，文字会上下翻转，如图3-23所示。

图3-23

→ **垂直于路径**：一般会打开这个数值，但单击关闭，会看到文字没有垂直于图中的路径，如图3-24所示。

图3-24

→ **强制对齐**：单击打开后，每个文字底部会跟随整个路径放置，如图3-25所示。

图3-25

→ **首字边距**：调整该参数的数值，路径位置不变，但会以第一个字母或文字为起点，整体跟随路径轨迹移动，如图3-26所示。

图3-26

→ **末字边距**：调整该参数的数值，路径位置不变，但会以最后一个字母或文字为起点，整体跟随路径轨迹移动，与首字边距起始点相反。

3.4.2　文本动画属性

本小节将讲解文本动画的属性。开启此功能，可以制作文字动画。

1. 文本动画常用功能

新建一个文本图层并单击展开"文本"属性，然后可以看到选项面板中有"动画"选项。单击"动画"图标，可以看到"锚点""位置""缩放""旋转""不透明度""描边颜色""描边宽度"等功能，如图3-27所示。

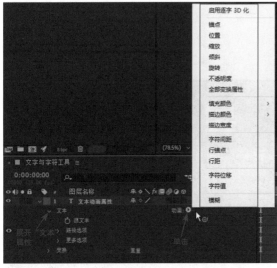

图3-27

文本图层的"动画"选项中包含的相关属性，比如"位置""缩放""旋转"等功能与前文介绍的"图层的五大属性"的相关功能（见图3-28）是有区别的。一般来说，在调整图层"变换"中的相关属性时，整个文本图层以及图层里的所有内容都会受到影响。而文本图层"动画"里的属性只能影响文字，这就是二者的主要区别。

图3-28

"启用逐字3D化"是文本动画中非常重要的选项。开启此功能后，每个文字的字符都可以单独控制，如图3-29所示。

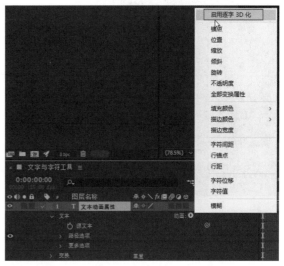

图3-29

单击激活"启用逐字3D化" ✓ 启用逐字 3D 化 选项，在合成面板中会出现两个坐标轴，并且图层中的每个文字都会出现红色的方框，如图3-30所示。

图3-30

单击展开图层的"变换"属性。此时"变换"选项中的"锚点""位置""缩放"和"方向"等属性会出现z轴，如图3-31所示。移动z轴可以在纵深方向移动文字，控制文字在空间位置中的前后关系，这就是"启用逐字3D化"的特性。

图3-31

单击"动画"图标  ，并添加"位置"属性，如图3-32所示。

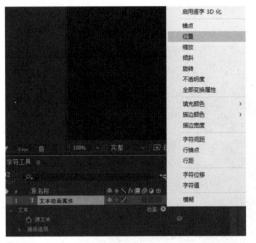

图3-32

"位置"属性添加完毕后，文本图层中会出现"动画制作工具 1"。单击展开"动画制作工具 1"会看到已添加的"位置"属性，其中包含了x、y、z三个轴向。单击选中z轴并调整数值，可以看到在空间位置中，文字进行了向前或者向后的移动，如图3-33所示。

图3-33

再次单击"动画"图标 ，然后单击添加"旋转"属性。此功能可以旋转每个文字的x、y、z三个轴向，如图3-34所示。这里只调整了x和y轴，此功能是对文字进行旋转，而不是旋转整个文本图层，如图3-35所示。

图3-34

图3-35

2.字符位移

上文已经讲解了文本动画中的一些功能，它们与右侧的"字符"面板中的属性功能相似，但其中的"字符位移"功能有所不同。先在文本图层单击"动画"图标 并添加"字符位移"属性，该属性会出现在"动画制作工具 2"的属性中，如图3-36所示。

图3-36

调整"字符位移"右侧的数值后会发现原始的文本出现了错乱的情况，如图3-37所示。将数值改为"0"后就会恢复正常。

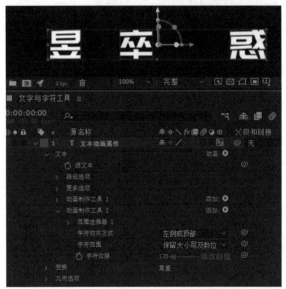

图3-37

📝 **提示**

"字符位移"功能可以完成文字的演变动画。

时间线在0秒时，将"字符位移"的数值改为"100"并单击激活"字符位移"左侧的"码表"图标，此时文字发生错乱。将时间线移动到第1秒，且将"字符位移"的数值修改为"0"时，杂乱的文字会直接演变成最后所需的文字效果，如图3-38所示。在很多文字动画的开场中都会看到这种演变效果。

图3-38

"字符值"在文本动画中与"字符位移"的功能类似。在文本图层下单击"动画"图标■并添加"字符值"选项。"字符值"可以让文字变成无规律的字符，用上文的方法给"字符值"添加关键帧动画。在0秒时，将"字符值"的数值改成"100"；到第1秒时，将"字符值"的数值改为"0"，如图3-39所示。于是就产生了对应的字符变化效果。

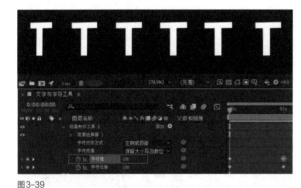

图3-39

3. 取消启用逐字3D化

如果在动画属性里激活"启用逐字3D化"属性，就可以让平面的文本变成3D文本，还能为此文本添加各种属性，甚至单独控制文字的位置、旋转等参数。如果想取消此效果，可以单击选中"动画制作工具 1"选项，并按Delete键删除，如图3-40所示。

图3-40

虽然删除了"动画制作工具 1"选项，但是相应图层的3D开关还是在激活状态，如果不想使用"启用逐字3D化"功能，可以单击文本图层右侧的"3D图层"图标■，将3D功能取消，如图3-41所示。

图3-41

3.4.3　文字动画预设和样式应用

上一小节中讲解了如何通过手动的方式制作文字动画，可以看出手动制作动画的过程是费时费力的。其实AE中内置了很多文字动画效果，可以通过直接拖曳动画效果来完成各种动画的制作。这些预设能快速为文字呈现出生动有趣的动画效果，显著提高制作效率。

1. 效果和预设

在右侧工具面板中有"效果和预设"面板，如果没有找到这个面板，可以在菜单栏选择"窗口>效果和预设"命令，如图3-42所示。

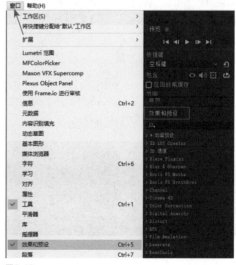

图3-42

在工具面板单击展开"效果和预设"，然后单击展开"动画预设"选项。此选项中包含了很多AE的内置动画预设效果。在选项下方有一个"Text"文件夹，所有关于文本的动画预设都在其中，如图3-43所示。

图3-43

2. 添加文字动画预设

新建文本图层并输入"ADOBE"字样，然后单击选择一个预设，并将其拖曳到文本图层上，这样动画就添加完毕了，如图3-44所示。

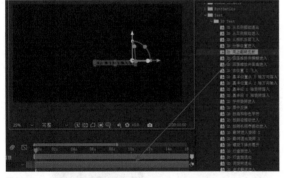

图3-44

这时单击展开文本图层的属性，可以发现里面已经添加了动画"Animator 1"，如图3-45所示。接着拖曳时间线预览文字动画，如图3-46所示。如果对此预设的效果不满意，可以通过按快捷键Ctrl+Z撤销。

图3-45

图3-46

如果想调整这个动画的时长、入点或者出点，可以单击展开"Animator 1"选项，再单击展开"Range Selector 1"，这里有"起始"选项并且记录了两个关键帧。通过调整时间线面板的关键帧，就可以控制动画的时长，如图3-47所示。此时也可以直接单击选中文本图层并按U键，即可快速调出所有图层的关键帧。

图3-47

📝 **提示**

文本动画预设非常多，且效果都不一样，添加后显示的文本也不一样，这里不再逐一讲解。但要讲解一个经常使用的预设效果——"打字机"。"打字机"可以模拟文字从左至右出现的动画效果，经常用于模拟文字书写、字幕出现等效果。

先单击选中已设置好的动画预设并按Delete键将其删除，在"效果和预设"面板下搜索"打字机"，并将其拖曳到文本图层，如图3-48所示。

图3-48

此时可以看到合成面板的文字是从左至右出现的，如图3-49所示。如果文字出现的速度过快，可以按U键调出所有关键帧，然后调整关键帧，这样就可以降低文字出现的速度。

图3-49

3.4.4　实例：简单的文字排版动画

为了巩固前文所学的知识，本小节将带领大家制作一个简单的文字排版动画。

Step 01 新建一个合成，将合成的名称改为"课堂练习"，将宽度设置为"1000 px"，高度设置为"1280 px"，如图3-50所示。

图3-50

Step 02 单击"网格和参考线"图标并选择"标题/动作安全"选项，利用安全框作为排版参考，如图3-51所示。

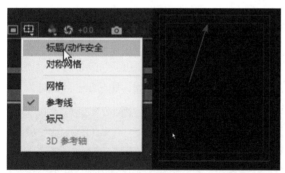

图3-51

Step 03 在工具栏单击"文字工具"图标，在合成面板单击并输入"ADOBE"。用鼠标左键框选首字母"A"，通过"字符"面板修改首字母的颜色，再通过对齐工具将文字设置为居中对齐，最后调整图层的旋转角度，如图3-52所示。

Step 04 单击选中文本图层，按快捷键Ctrl+D进行复制，然后将复制的图层中的文字修改为"AFTER EFFECTS"，在右侧的"属性"面板中通过"缩放"和"移动"属性调整文字排版，如图3-53所示。

图3-52　　　　　　　　　　图3-53

Step 05 多次重复上一步骤，对图层中的文字进行旋转、缩放和移动，完成如下排版，如图3-54所示。

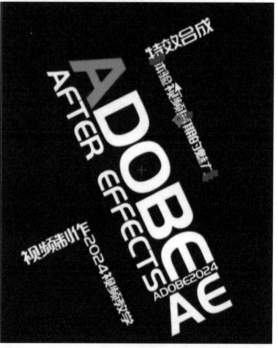

图3-54

> 📝 **提示**
>
> 如果是竖排文字，直接把横排文字工具切换成竖排文字工具，重新输入即可。

Step 06 单击时间线面板的空白处，然后利用钢笔工具绘制线条，对文字边框进行装饰，如图3-55所示。可以按V键对钢笔路径进行调整，注意文字上下都需要绘制线条。

图3-55

Step07 基础排版完成后，需要对图层进行整理。先单击选择"形状图层 2"，将其重命名为"上侧"，然后单击选择"形状图层 1"，将其重命名为"下侧"，如图3-56所示。

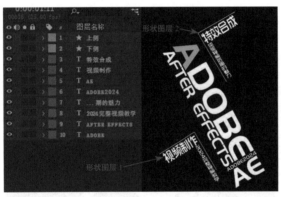

图3-56

Step08 将"特效合成"和"体验视频后期的魅力"两个图层移动到"上侧"图层的下方，把这两个图层的父级指定为"上侧"图层，如图3-57所示。然后将"视频制作"和"2024完整视频教学"两个图层移动到"下侧"图层的下方，并把这两个图层的父级指定为"下侧"图层，如图3-58所示。

图3-57

图3-58

提示

为了方便后期动画的制作，为文本图层指定父级后，当移动"下侧"或者"上侧"图层时，它们所控制的文本图层也会跟着移动。

Step09 新建空对象图层，并将图层名改为"中间控制"，然后将剩下未指定父子级关系的文本图层全部选中并移动到"中间控制"图层的下方，接着把这些文本图层的父级指定为"中间控制"图层，现在所有文本图层的父子级关系就已经指定完毕，如图3-59所示。

图3-59

Step10 接下来制作动画。只需制作"上侧""下侧"和"中间控制"三个图层的动画。单击选择"上侧"图层，按P键调出"位置"属性，然后将时间线移动到1秒的位置并记录关键帧，接着将时间线移动到0秒，通过工具栏中的选取工具将"上侧"图层移动到画面之外。

Step12 "下侧"和"中间控制"图层也按照上述的方法制作动画，这样就完成了从0秒到1秒所有图层的文字从没有到出现的动画效果。

Step13 单击并框选所有关键帧，然后按F9键为这些关键帧添加缓动效果。同时单击激活"运动模糊"总开关 ，以及制作了动画图层的运动模糊开关，为相应的文本图层添加运动模糊效果，如图3-60所示。

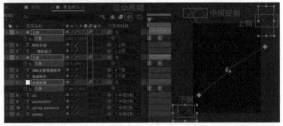

图3-60

Step14 现在可以给文本图层添加动画预设效果。先将时间线移动到0秒，然后在"效果和预设"面板中找到

"子弹头列车"效果,将它拖曳到需要添加文字动画的图层上,如图3-61所示。动画预设效果非常多,可以逐一去测试效果。

> **提示**
>
> 这里只给主要文字添加了动画预设效果。在操作时,可以根据自己的需求给文字添加动画效果。

图3-61

3.5 图形属性与图形动画常用属性

上一节学习了文字的动画属性。其实图形工具也有自己的动画属性,在制作卡通动画或者MG动画时会经常使用图形的动画属性。

3.5.1 图形属性

图形属性有很多种,比如利用菜单栏的图形工具绘制一个矩形,然后单击展开矩形图层的属性,会看到"描边""填充"等各种属性,这些属性都是自带的。本小节将讲解与图形属性相关的内容。

1. 添加图形属性

打开AE后新建一个合成,然后在时间线面板右击,在弹出的菜单中选择"新建 > 形状图层"命令,如图3-62所示。

图3-62

现在新建的形状图层是空白的图层,里边没有任何内容,并且在合成面板中也看不到任何内容,同时工具面板中的"属性"面板也是空白的状态,如图3-63所示。

图3-63

单击展开"形状图层 1"的属性,然后单击"添加"图标▶。此时会弹出选项列表,可以给空白的形状图层添加想要的属性。单击选择"矩形"选项,如图3-64所示。

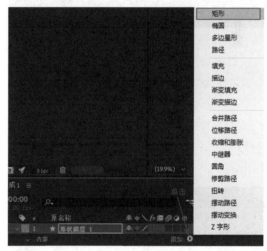

图3-64

画面中会出现一个矩形框,此时框里没有任何填充效果,需要再次单击"添加"图标▶并选择"填充"属性。然后单击展开"填充 1"的属性,可以更改填充的颜色以及不透明度等属性,这些参数都可以自由控制,如图3-65所示。

图3-65

单击"添加"图标 ▶️，然后选择"描边"属性，在"描边 1"属性中可以修改描边的"颜色""不透明度"和"描边宽度"等属性，如图3-66所示。

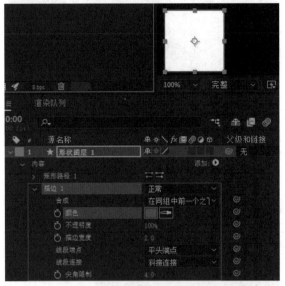

图3-66

在"描边"的"线段端点"属性右侧选择"平头端点"，线段端点就会出现直角效果；如果选择"圆头端点"，线段端点会变成圆头状态，但选择此属性在画面中看不到任何变化，因为矩形是一个闭合的路径，如图3-67所示。后续讲解直线的时候，就可以发现两个属性的区别。

图3-67

在"描边"中找到"虚线"属性，单击 ➕ 图标，添加"虚线"和"偏移"属性，然后调节对应的数值，此时矩形的描边就会变成虚线的效果，如图3-68所示。"虚线"的数值越高，描边的虚线就越少且越长。"偏移"属性可以让虚线沿着矩形的路径转动起来，利用此属性可以制作虚线的关键帧动画，这就是虚线的功能。

图3-68

单击"描边 1"属性并按Delete键将其删除，然后单击展开"矩形路径 1"的属性。其中包含了"大小""位置"和"圆度"三个选项，这三个选项只能控制"矩形路径 1"，如图3-69所示。

图3-69

在形状图层中可以添加多种形状，所以在形状图层中可以对图形进行编组处理。单击选中"矩形路径 1"，再按住Ctrl键加选"填充 1"。然后右击"矩形路径 1"处，在弹出的菜单中选择"组合形状"命令，为刚才选中的属性进行编组，如图3-70所示。

图3-70

对"矩形路径 1"和"填充 1"进行编组后，单击展开"组 1"会多出"变换：组 1"属性，并且其中的所有属性只能控制"组 1"，如图3-71所示。

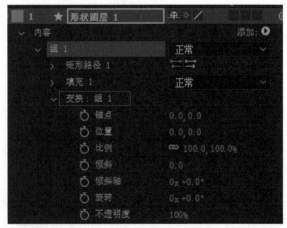

图3-71

单击时间线面板空白处，再次单击"添加"图标 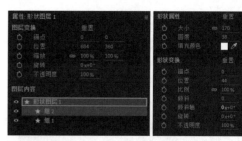 并选择"椭圆"选项，在椭圆路径里添加一个"填充"属性，并将填充颜色改成浅蓝色。用同样的方法，单击选中"椭圆路径 1"及"填充 1"属性，右击"椭圆路径 1"，并选择"组合形状"命令，这样"组 2"就出现了，如图3-72所示。

图3-75

图3-72

"组 2"中也有一个"变换：组 2"属性，移动它的位置，可以看到"组 2"的变换属性只能控制"组 2"，如图3-73所示。

图3-73

在"组 1"和"组 2"下方还有一个"变换"属性，这个"变换"属性是针对整个形状图层的，并且可以控制两个形状的"位置""缩放""旋转"等属性，如图3-74所示。

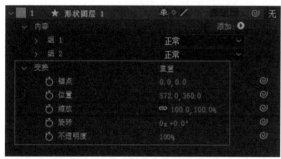

图3-74

提示

图层中的"变换"属性用于控制整个形状图层。当在形状图层中添加了多个组别时，每个组别中的变换属性只能控制对应的组。

在右侧的属性面板中可以快速调整对应组别的参数，也会看到"组 1"和"组 2"两个形状的参数。当单击对应的组别时，可以在工具面板中快速调整这个组中的颜色、变换等属性，如图3-75所示。

2. 自定义图形边数

接下来讲解多边星形路径功能，此路径的属性可以自定义。

按Delete键删除"组 1"和"组 2"，在图层属性下单击"添加"图标 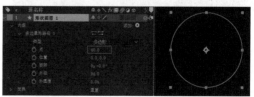，再单击选择"多边星形"选项。现在画面中有一个星形，如图3-76所示。

图3-76

单击展开"多边星形路径 1"，在"类型"属性中选择"多边形"，就可以看到星形变成了多边形。这里还可以控制多边形的点，修改"类型"属性中的"点"的参数，将数值改成"4"后，多边形就变成了一个正方形，如图3-77所示。

图3-77

"类型"属性中的"旋转""外径"和"外圆度"等也可以调整。"外径"数值越大，路径就越大，"外圆度"可以让路径产生圆弧过渡效果。通过调整这些属性可以自定义想要的形状。多边形的点数最少为三个，三个点为三角形，四个点为正方形，点数越多路径越圆滑，如图3-78所示。

图3-78

按Delete键删除"多边星形路径 1"，接下来制作一个简单的动画效果。

重新给图层添加"多边星形路径 1"，然后单击展开"多边星形路径 1"的属性，并将"点"属性的数值改成"3"，如图3-79所示。

图3-79

单击"添加"图标 ◎ 并选择"填充"选项，然后更改填充颜色为白色。在"类型"属性中选择"多边形"，把"外圆度"数值变大，三角形的线条就变得更圆滑，如图3-80所示。

图3-80

将时间线移动到0秒，然后单击"点"属性左侧的"码表"图标 ◎ 点。将时间线移动到第1秒左右，修改"点"属性的数值为"4"；将时间线移动到第2秒左右，修改"点"属性的数值为"6"。将时间线再次向右侧移动，可以把图形的点数增加到50，点数越多图形就越趋近于圆形。此时，图形就从一个三角形逐渐变成圆形，如图3-81所示。

图3-81

3. 自定义图形颜色

用同样的方法也可以更改图形的颜色。先单击"填充 1"属性中"颜色"左侧的"码表"图标 ◎ 颜色，一开

始图形的颜色是白色的，1秒左右让它变成淡蓝色，然后变成黄色。利用与形状变化相同的操作可以让图形颜色一直发生变化，如图3-82所示。

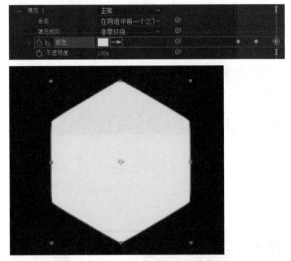

图3-82

> **提示**
>
> 多边星形路径是常用的图层属性，可以通过它来完成高度自定义的图形变化效果。其他路径，比如椭圆、矩形等，与多边星形路径中的常规参数是一致的。

3.5.2 图形动画常用属性

本小节将讲解形状图层中常用的图形属性，这些属性可以让路径产生不一样的效果。接下来将逐一介绍"修剪路径""扭转"和"摆动路径"。

1. 修剪路径

新建一个合成，利用钢笔工具在合成面板中绘制一条路径。找到工具栏，去掉"填充" 填充 ■ 并加粗"描边" 描边 ■ 44。然后单击图层属性并展开"内容"属性，单击"添加"图标 ◎，接着选择"修剪路径"选项，如图3-83所示。

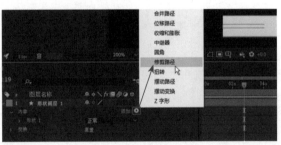

图3-83

"修剪路径"属性中有"开始""结束"和"偏移"等。在"修剪路径 1"中，先单击激活"结束"左侧的"码表"图标 ![码表] ，然后将其数值从"100"逐渐拖曳调整到"0"，可以看到这条路径会从右至左逐渐消失。单击激活"开始"左侧的"码表"图标 ![码表] ，将其数值从"0"调到"100"，可以看到这条路径会从左到右进行显示，这就是"结束"和"开始"的特性。

➥ **制作线段逐渐显示动画**

将"开始"和"结束"属性的数值都改为"0"，然后将时间线移动到0秒并单击激活"开始"左侧的"码表"图标 ![码表] 。接着将时间线移动到第2秒，把"开始"属性的数值改为"100"。播放动画后会发现线段是从左至右开始显示的。

如果制作一条线段由左逐渐向右流动的动画，先将时间线移动到第1秒左右，单击激活"结束"左侧的"码表"图标 ![码表] ，然后将时间线移动到第3秒左右，把"结束"属性的数值改为"100"。播放动画后，线段从左逐渐向右流动的动画就制作完成了，如图3-84所示。

图3-84

➥ **制作矩形路径动画**

按Delete键删除线段图层，在工具栏单击"矩形工具" ![矩形工具] ，在合成面板绘制一个矩形，然后单击展开图层属性，接着单击"添加"图标 ![添加] ，选择"修剪路径"选项。

将"结束"和"开始"属性的数值改成"0"，然后把时间线移动到0秒，单击激活"开始"左侧的"码表"图标 ![码表] ，接着将时间线移动到第3秒左右，把"开始"属性的数值改成"100"。此时线段从第0秒逐渐移动到第3秒的路径动画出现了，如图3-85所示。

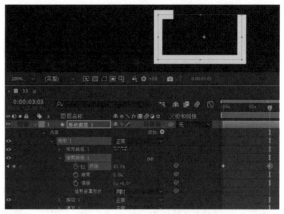

图3-85

如果想让后面的线段逐渐消失，参考前面线段流动动画的制作方法，就可以完成矩形流动动画的制作，如图3-86所示。

图3-86

"偏移"属性可以自定义动画中线段的端点。在默认情况下，动画开始的地方为线段的端点，调整"偏移"属性的数值可以改变线段端点的位置，同时也可以控制线段的流动效果，如图3-87所示。

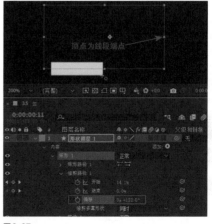

图3-87

2. 扭转

单击选中原有"矩形路径 1"属性并按Delete键将其删除，通过工具栏中的"矩形工具"重新绘制一个矩形路径，并添加扭转效果。然后调整"角度"属性的数值，可以让矩形路径产生扭转效果，如图3-88所示。

图3-88

3. 摆动路径

在原有动画效果上添加"摆动路径 1"属性，此时路径产生波纹效果，整条路径都会晃动起来，如图3-89所示。如果想制作一个圆圈在空中飘动的效果，就可以用这种方法。"摆动路径"是动画制作中非常好用的属性。

图3-89

在"添加"属性中，会经常使用"修剪路径""扭转"以及"摆动路径"来辅助完成动画效果的制作。

3.6 综合训练：动态文字Logo演绎

本节将完成动态文字Logo演绎案例，以巩固上文所学的知识。

3.6.1 制作图形动画

Step 01 新建合成，将合成命名为"课堂练习"，如图3-90所示。

图3-90

📝 提示

> 整个Logo动画都是通过路径图形来完成制作的，只需要在合成面板中先把路径绘制出来，然后添加"修剪路径"属性就可以完成制作。

Step 02 在工具栏中用鼠标左键长按"矩形工具"图标■，然后单击选择"椭圆工具"，接着按住Shift键并在合成面板中绘制一个圆形，去掉填充颜色，如图3-91所示。

图3-91

Step 03 制作外部偏细的圆圈。找到右侧工具面板中

的"形状属性"面板，将圆形的"描边宽度"数值调整为"3"，然后将"描边颜色"调整为紫色，如图3-92所示。

图3-92

Step 04 单击展开"形状图层 1"的属性，然后单击"添加"图标❶并选择"修剪路径"选项，此时要对"修剪路径"进行调整。单击展开"修剪路径 1"的属性，把"开始"和"结束"属性的数值改成"0"。然后在第一帧中单击激活"开始"左侧的"码表"图标 ◎ 开始 ，将时间线移动到第1秒左右，接着把"开始"属性的数值改成"100"。现在就完成了圆圈从无到有的动画制作，如图3-93所示。

图3-93

Step 05 当时间线移动到"开始"动画一半的时候，圆圈路径的末端才开始移动，此时单击激活"结束"左侧

的"码表"图标 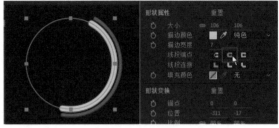 结束。将时间线移动到第1秒左右，把"结束"属性的数值改成"100"。现在完成了第一个圆圈的流动动画效果，如图3-94所示。

图3-94

Step06 接下来制作第二个圆圈的动画。单击选择"形状图层 1"，按快捷键Ctrl+D复制一个图层。然后单击选中"形状图层 2"，按U键调出它的所有关键帧，方便后续调整，如图3-95所示。

图3-95

Step07 将工具栏的"描边宽度"调整为"7"，让第二个圆圈比第一个圆圈的描边更粗一些，如图3-96所示。

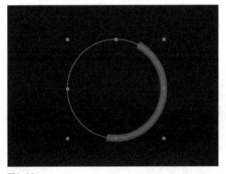

图3-96

Step08 单击选中"形状图层 2"，找到该图层的"变换"属性并把"比例"的数值调小，然后将"描边颜色"设置为黄色，如图3-97所示。

图3-97

Step09 单击"形状属性"面板中的"线段端点"，将直角变成圆角 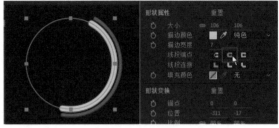 的样式。圆圈结束和开始的端点会更加圆滑，如图3-98所示。

图3-98

Step10 由于"形状图层 2"是复制出来的图层，和"形状图层 1"的动画效果完全一致。如果想让"形状图层 2"与"形状图层 1"的圆圈产生时间错位动画，可以框选"形状图层 2"的关键帧，并把它们的位置向右移动一些。这样两个圆圈运动的时间和顺序就产生了变化，如图3-99所示。

图3-99

Step11 单击选择"形状图层 2"，按快捷键Ctrl+D复制一个图层，制作第三个圆圈的细线效果。先单击选择"形状图层 3"，找到工具面板中的"形状属性"面板，把"描边宽度"的数值调小，"描边颜色"改成玫红色。在"形状变换"面板中将"比例"的数值调小。按U键调出"形状图层 3"的所有关键帧，用鼠标左键全选关键帧后，把它们向右或者向左移动，如图3-100所示。

图3-100

Step12 单击选中"形状图层 3"并按快捷键Ctrl+D复制一个图层，得到"形状图层 4"。在工具面板中，将第四个圆圈的"比例"和"描边宽度"的数值稍微调高，并把"描边颜色"改为青色，这样就制作出了第四个圆圈的动画，如图3-101所示。

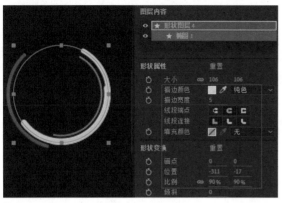

图3-101

Step⑬ 制作半圆形动画。再次复制一个图层，得到"形状图层 5"，将它的描边调整宽一些，然后把"描边颜色"改成绿色，如图3-102所示。

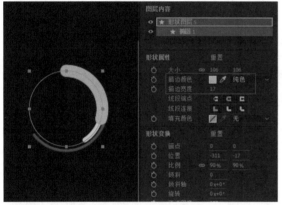

图3-102

Step⑭ 接下来对"形状图层 5"的动画进行调整。要注意"形状图层 5"只形成了一个像字母C的半圆形，用鼠标左键框选"形状图层 5"的所有关键帧并按Delete键将其删除，然后把"开始"和"结束"属性的数值全部改成"0"，如图3-103所示。

图3-103

Step⑮ 将时间线移动到前四层动画快结束的位置，此时单击激活"修剪路径"中"开始"左侧的"码表"图标，然后将时间线向右侧移动，将"开始"属性的数值改为"72%"，如图3-104所示。至此半圆形动画的制作就完成了。

图3-104

Step⑯ 现在制作一个点的动画效果。在不选中任何图层的情况下，利用钢笔工具绘制一条短路径，在右侧"形状属性"面板中，把"线段端点"改成圆角的样式，如图3-105所示。

图3-105

Step⑰ 按V键切换成选取工具，调整两个端点的位置，把多出来的线段往回收，如图3-106所示。

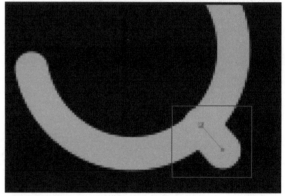

图3-106

Step⑱ 单击选择"形状图层 6"并展开"内容"属性。单击"添加"图标○并选择"修剪路径"选项，把"结束"和"开始"的数值调整为"0"，然后移动时间线并找到"形状图层 5"动画快结束的位置。接着单击激活"修剪路径"中"开始"左侧的"码表"图标。将时间线向右侧移动几帧，再将数值改为"100"，完成动画制作，如图3-107所示。

图3-107

Step⑲ 用鼠标左键选中所有的图层，按U键调出所有图层的关键帧。然后用鼠标左键框选所有的关键帧，再按F9键添加缓动效果，动画就会更加有动感，如图3-108所示。

图3-108

3.6.2　制作文字动画

Step① 接下来制作文字动画。在工具栏单击 T 图标，输入"AE2024"，然后将文字颜色改为和前面的半圆形一样的绿色，如图3-109所示。

图3-109

> **📝 提示**
>
> 　　现在要制作Logo出现后，文字从左至右出现的动画，所以需要为文字添加蒙版动画。
>
> 　　前面的章节中简单介绍过蒙版功能，蒙版功能需要结合工具栏中的图形和钢笔工具来使用。在时间线面板中不选中任何图层的时候，图形和钢笔工具只具有绘制形状的功能。如果选中了"AE2024"这个图层，图形和钢笔工具就变成了蒙版工具，只会显示绘制区域内的内容，不会显示绘制区域外的内容。

Step② 单击选择文本图层，利用矩形工具在文字的部分绘制一个矩形，这样就在文本图层上添加了"蒙版 1"，矩形区域内显示文本图层内容，区域外则不显示。可以根据这个特性来制作文字"AE2024"从左至右出现的动画效果，如图3-110所示。

图3-110

Step③ 将时间线移动到Logo动画快结束的位置，选中文本图层的"蒙版 1"，利用选取工具调整"蒙版 1"的边框，使"蒙版 1"完全包裹住文字"AE2024"。然后双击蒙版的边框，选择右侧中间的调整点 ，将其拖曳到左侧，直到文字全部消失，如图3-111所示。

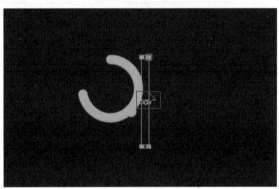

图3-111

Step④ 单击激活"蒙版路径"左侧的"码表"图标 ，记录关键帧。在第一帧时，文字"AE2024"没有出现，然后将时间线向后移动一点，双击蒙版边框，接着单击并拖曳右侧中间位置的调整点，直到文字全部出现，如图3-112所示。

Step⑤ 这时动画不是很流畅。用鼠标左键框选文本动画的两个关键帧，按F9键为动画添加缓动效果。然后调用"图表编辑器"，单击两个关键帧的黄色杠杆，把它们往左侧移动，让文字呈现一开始非常快，然后逐渐减速的动画效果，如图3-113所示。文字动画就制作完毕了。

图3-112

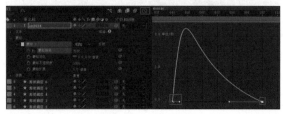

图3-113

Step 06 用鼠标左键选中所有的图层，利用选取工具将

Logo 和文字移到画面的中间位置，动态文字效果就全部制作完成了，如图 3-114 所示。

图3-114

> 📝 **提示**
>
> Logo 动画中仅绘制了几个圆圈，如果想让动画形式更加丰富，可以根据自己的喜好多绘制几个不同的路径，制作方法和原理与上文讲解的都是一致的。

3.7　课后练习：MG 图形动态演变效果

通过本章的学习，大家已经对文本和形状图层相关工具有了一定的认识，课后需要完成以下练习。

找一个自己喜欢的案例进行模仿练习。可以在网络上搜索一些优秀的 UI 动画，包含加载动画、手机图标关闭显示动画，以上动画效果可搜索关键词"UI 动效"进行查找。注意，全部图形文件必须由 AE 进行绘制，制作动画的时长为 3 秒左右。

本章将系统学习 AE "效果"菜单中的特效效果器，利用这些效果器可以完成很多有意思的特效合成。该板块也是 AE 的核心板块，在以后学习 AE 的过程中会经常和"效果"菜单打交道。AE 效果器分为内置效果器和外置效果器，常用的内置效果器会在本章讲解。随着大家对 AE 的认识不断提高，还可以下载第三方开发的外置效果器，这些效果器还被称为"脚本"或"扩展"等，它们只是名称不同，最终功能都是辅助完成特效合成。

学习资料所在位置 | 学习资源 \ 第 4 章

4.1 风格化效果

AE "效果"菜单根据功能的不同分为很多类别，本节讲解风格化中的常用效果器，包含"发光""动态拼贴""CC Glass"等。此外，本节还将制作常见的金属标题文字。

4.1.1 "发光"效果器

1. 添加效果器

"发光"效果器用于使图像或者视频产生发光效果。打开 4.1.1 小节的工程文件，合成中有一张宇宙飞船的图像，接下来将利用这张图像来讲解"发光"效果器的使用方法。

单击选中图层，在菜单栏选择"效果 > 风格化 > 发光"命令，将发光效果添加到对应的图层，如图 4-1 所示。

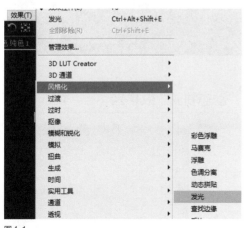

图4-1

> 📝 **提示**
>
> 在菜单栏的"效果"菜单中可以找到 AE 中所有的效果器。随着大家对 AE 了解的加深，可以在右侧工具面板的"效果和预设"面板中直接搜索效果器，从而快速找到对应的效果器。

为图层添加效果器后，左上角的"效果控件"面板中会显示该效果器。每一个效果器前都有一个"fx"图标 _fx_，显示"fx"图标代表该效果已经激活，如图 4-2 所示。再次单击"fx"图标即可取消激活，该效果器就不再起作用，在制作动画时激活或关闭此图标可以观察添加和不添加效果器的对比效果。

图4-2

2. 属性面板

➥ **发光基于** ⌖ 发光基于：代表基于某通道进行发光。"颜色通道"代表图层固有的颜色信息，"Alpha通道"代表图层的Alpha通道信息，最常用的通道是"颜色通道"，如图4-3所示。

图4-3

➥ **发光阈值** ⏱发光阈值：代表发光的临界值，如图4-4所示。比如将此数值调整为90%，图层的亮度信息或者颜色信息超过90%才会发光，低于90%就不会发光。一般情况下，此数值保持默认即可。

图4-4

发光参数调整完毕后需要将数值恢复为默认。右击"发光阈值"，然后单击选择"重置"选项就可以完成单个数值的重置。如果单击效果器上的"重置"图标 重置 ，该效果器上的所有参数都会被重置为默认数值，如图4-5所示。

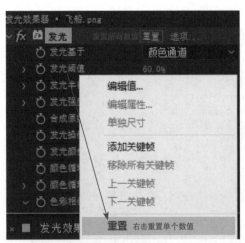

图4-5

➥ **发光半径** ⏱发光半径：指发光范围的大小。数值调大，发光部分的光晕范围变大；数值调小，则光晕范围变小，如图4-6所示。

图4-6

➥ **发光强度** ⏱发光强度：数值越大发光效果越强烈，数值越小发光效果越微弱。通常发光阈值、发光半径、发光强度这三个数值是配合使用的。

➥ **发光操作** ⏱发光操作：可以切换发光的叠加模式，它和图层的叠加模式类似，如图4-7所示。每一种形式都有不同的叠加效果，通常保持默认设置即可。

图4-7

➥ **发光颜色** ⏱发光颜色：默认为原始颜色，也就是利用图像本身的颜色进行发光。如果不想使用图像本身的颜色进行发光，可以将"发光颜色"属性改为"A和B颜色"，然后调整下方"颜色 A"和"颜色 B"两个色块，如图4-8所示。若无特殊要求，发光颜色默认为图像的原始颜色。

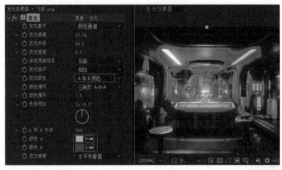

图4-8

4.1.2 "动态拼贴"效果器

在制作矩阵图形时经常需要对一个图层进行多次复制，费时费力，但通过"动态拼贴"效果器可以轻松复制出多个图层。

1. 添加效果器

在本小节的工程文件中有一个篮球放置在合成的

中间，如果想在合成中铺满篮球，有以下两种方法。第一种，单击选中篮球并对它进行复制，将篮球一个一个地排列出来。第二种，使用"动态拼贴"效果器，先单击选中篮球图层，然后在菜单栏选择"效果>风格化>动态拼贴"命令，给篮球图层添加动态拼贴效果，如图4-9所示。

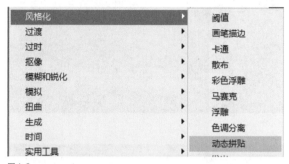

图4-9

2. 属性面板

➡ **拼贴宽度** 拼贴宽度、**拼贴高度** 拼贴高度：拼贴宽度的最大数值是100，当把拼贴宽度调小时，它会在水平方向上向内拼贴素材，拼贴高度同理，如图4-10所示。

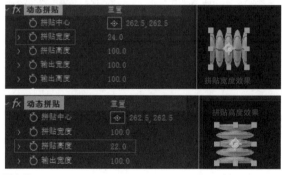

图4-10

➡ **输出宽度** 输出宽度、**输出高度** 输出高度：右击"拼贴宽度"和"拼贴高度"，重置两个属性的数值，然后单击选中"输出宽度"，将数值调大，图像会以原始图层为基础，向四周进行扩充，并且可以无限延长。"输出高度"同理，这样就可以把篮球铺满整个合成，如图4-11所示。

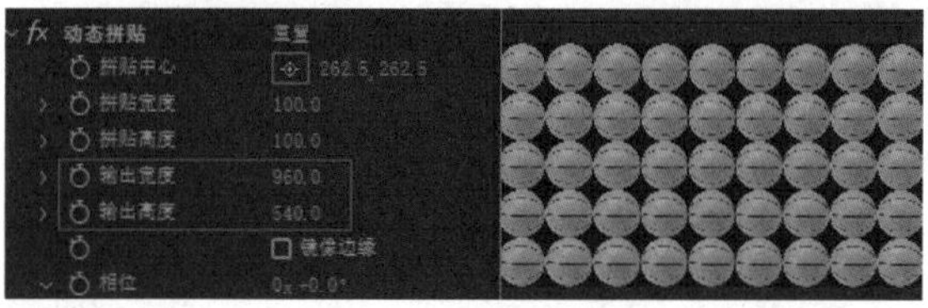

图4-11

➡ **拼贴中心** 拼贴中心：数值包含x轴和y轴，调整对应轴向的数值，图像可以进行相应的移动，如图4-12所示。

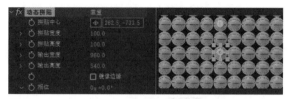

图4-12

> **📝 提示**
>
> 此时的合成图像中是以一个相对比较小的篮球图层进行拼贴移动的。如果素材是与合成一样大的，当调整拼贴中心的数值后，会自动产生复制效果。

➡ **镜像边缘** 镜像边缘：勾选"镜像边缘"选项后，合成中的篮球产生了镜像，并且是以所选篮球为中心进行翻转的，如图4-13所示。

图4-13

➡ **相位** 相位：调整"相位"数值可以让篮球产生错位偏移，如图4-14所示。勾选"水平位移"选项，可以让篮球产生水平位移的效果。

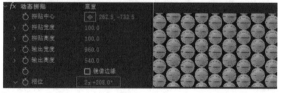

图4-14

一般情况下，如果合成中的图像太小，不能铺满整个合成，可以使用动态拼贴把一张图像进行快速复制并让它铺满整个合成。

4.1.3 "CC Glass"效果器

"CC Glass"效果器可以制作仿玻璃材质的特殊效果，如玻璃文字、金属表面等。

1. 添加效果器

打开本小节的工程文件，合成中包含两个图层，上层为图片素材，下层为"CC GLASS"文本图层。

如果想让图片素材作为背景，让文字产生玻璃或者金属质感的效果，且让文字的颜色以图片的颜色来展示，需要单击选中"飞船"图层，在菜单栏选择"效果＞风格化＞CC Glass"命令，把"CC Glass"效果器添加给"飞船"图层。

2.属性面板

➡ Surface表面属性

Bump Map ：表示"凹凸贴图"，它能让文字在图像中凸显出来。所以要在"Bump Map"属性右侧选择"CC GLASS"文本图层，如图4-15所示。

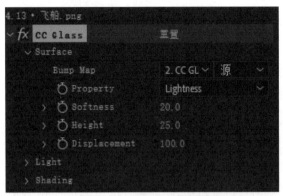

图4-15

Softness ：用于设置柔化效果。数值越高，文字的柔化效果就越明显，如图4-16所示。

图4-16

Height ：表示"高度"，用于设置表面产生玻璃质感的范围。将数值调高，文字的边缘会变得清晰锐利，反之模糊，如图4-17所示。

Displacement ：表示"置换"，能调整文字的变形程度。数值越高，变形越明显，如图4-18所示。

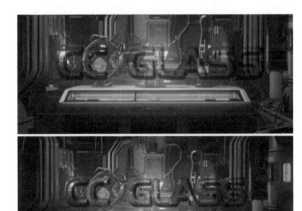

图4-17

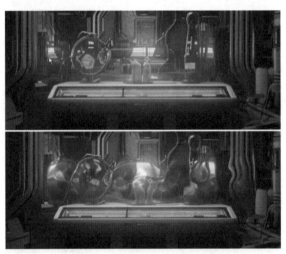

图4-18

➡ Light灯光参数

Using ：指选择利用什么灯光照亮图层。在时间线面板中新建灯光后，可以在"Using"中选择灯光图层。如果没有新建灯光图层，可以使用默认的"Effect Light"灯光效果，如图4-19所示。

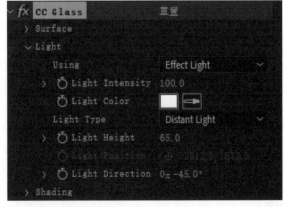

图4-19

Light Intensity ：指灯光的强度。数值越高画面越亮，反之越暗。现在把数值提高到"200"，整个画面会变亮，并且文字也显得更加突出，如图4-20所示。

Light Direction ：指灯光的方向。灯光方向默认是一个旋转数值，当调整数值后，灯光的方向就会产生变化，同时文字的光影也会随着产生变化，如图4-24所示。

图4-20

图4-24

➥ **Shading 着色形式**

Light Color ：指灯光的颜色，可以对灯光的颜色进行自定义。比如把灯光的颜色改成红色，由于受到灯光照射，整个画面都会变成红色，如图4-21所示。默认颜色为白色。

Ambient、Diffuse：Ambient表示"环境"，Diffuse表示"漫反射"，这两个属性是配合使用的，它们可以控制画面的亮度，如图4-25所示。提高这两个属性的数值，画面的质感会更加通透。

图4-21

Light Type：指灯光的类型。灯光类型分为"Distant Light"（远光灯）和"Point Light"（点光源），这两种灯光类型都会对图层产生照射影响，如图4-22所示。一般默认使用"Distant Light"光源。

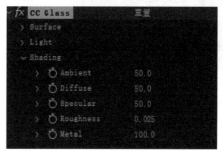

图4-25

Specular：指镜面反射，提高该数值，文字区域会产生反射效果，出现一些高亮的边缘。

Roughness：指粗糙度，最小值为"0.001"，最大值为"0.5"，数值越高，文字表面会显得越光滑、有质感。

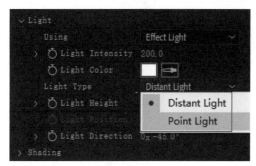

Metal：指金属化程度，默认数值为"100"。将数值调整成"0"，画面的颜色会变淡，文字更加突出。可以利用这个属性制作印花Logo效果。

图4-22

Light Height：指灯光的高度，也可以理解为灯光控制的范围。提高该数值，整个画面会变亮，如图4-23所示。

如果想让玻璃质感的文字在图层上移动，可以在文本图层上制作位置关键帧动画，如图4-26所示。

图4-23

图4-26

4.1.4 实例：制作金属标题文字

制作金属字体是视频包装中经常使用的技巧，接下来通过一个实例让大家学会制作金属字。

Step 01 新建分辨率为1920×1080的合成，在工具栏使用文本工具输入文字"AE2024"，然后使用对齐功能将文字居中对齐，如图4-27所示。

图4-27

Step 02 单击选中文本图层，然后使用快捷键Ctrl+Shift+C进行预合成，接着将"新合成名称"改为"文字层"并单击"确定"按钮，如图4-28所示。

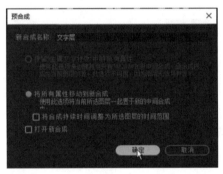

图4-28

Step 03 在项目面板中，单击选择"hdri"素材并将其拖入时间线面板中，然后在合成面板中观察图片素材，如图4-29所示。

图4-29

Step 04 利用"hdri"素材模拟文字表面的金属质感。此时如果对"hdri"素材进行位置动画制作，画面边缘会出现缺失，因此需要给素材添加"动态拼贴"效果器。单击选中该素材，然后在菜单栏选择"效果＞风格化＞动态拼贴"命令。

Step 05 将时间线移动到第一帧，找到"动态拼贴"效果器下的"拼贴中心"，并单击"拼贴中心"左侧的"码表"图标 ⏱拼贴中心。然后将时间线移动到最后一帧，调整"拼贴中心"的x轴数值。数值越大，画面流动得越快；数值越小，画面流动得越慢，具体设置如图4-30所示。

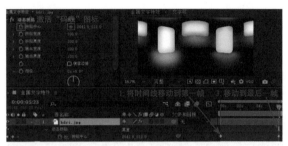

图4-30

Step 06 右击时间线面板空白处，然后单击选择"新建＞调整图层"命令，如图4-31所示。

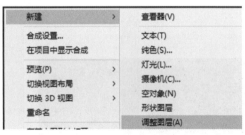

图4-31

Step 07 单击选中"调整图层 2"，在菜单栏选择"效果＞模糊和锐化＞快速方框模糊"命令。调高效果器中"模糊半径"的数值，图像就会变得模糊，如图4-32所示。

图4-32

Step⑧ 为了确保"调整图层 2"不影响到"文字层"，选中"调整图层 2"和"hdri"图层，然后使用快捷键 Ctrl+Shift+C 将它们添加到预合成中。接着把"新合成名称"改为"反射层"，如图 4-33 所示。

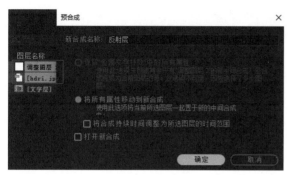

图 4-33

Step⑨ 单击选中"反射层"，在菜单栏选择"效果 > 扭曲 > CC Blobbylize"命令，如图 4-34 所示。

图 4-34

Step⑩ "CC Blobbylize" fx CC Blobbylize 团化效果器和"CC Glass"效果器类似，但是使用"CC Blobbylize"制作出的金属字的效果更好。在"CC Blobbylize"效果器中将"Blob Layer"属性设置为文字层，文字就会产生金属效果了，如图 4-35 所示。

图 4-35

Step⑪ 将"Softness"柔化数值调整为"3"，"Cut Away"修剪数值调整为"2"，文字就变得更实、更立体了，如图 4-36 所示。

图 4-36

Step⑫ 接下来把文字的颜色调整为金色。单击选中文字预合成图层，在菜单栏选择"效果 > 颜色校正 > 曲线"命令。

Step⑬ 现在需要利用曲线调色工具把文字调成金色，可以在"RGB" RGB 通道下，单击并移动曲线位置。向上调整曲线，文字会变亮；向下调整曲线，文字会变暗。将曲线向上调一点，让整个画面变亮，如图 4-37 所示。

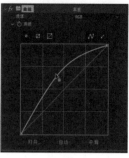

图 4-37

Step⑭ 将"RGB"通道切换成"红色" 红色 ，这时曲线中会多出一条红线，大幅度上提红色曲线，图像中会增加红色。向上略微拖曳红线，文字就产生了一点玫瑰红的颜色，如图 4-38 所示。

图 4-38

Step⑮ 现在文字还不是金色的。接下来将"RGB"通道切换成"蓝色" 蓝色 。在蓝色通道中，上提蓝色曲线代表图像增加蓝色，下拉蓝色曲线会使图像增加黄色。单击选中蓝色曲线并向下拉，这样文字就会呈现出金色的效果，如图 4-39 所示。

图 4-39

到此，金属文字就制作完成了。如果想更换文字，可以进入文字合成中直接替换。也可以把文字换成图片。本实例中还没有学习的工具，在后续章节中会逐一讲解。

> **📝 提示**
>
> "CC Glass"和"CC Blobbylize"效果器在 AE 2024 之前的版本中是在"风格化"中的，而 AE 2024 版本进行了重新分类。因为这两个效果器经常使用，所以在风格化效果部分进行讲解。

4.2 过渡效果

本节将讲解过渡效果中常用的效果器。过渡效果的所有效果器均用于制作直接过渡素材，只不过过渡的方式不同。

4.2.1 "百叶窗"效果器

1. 添加效果器

打开本小节的工程文件，合成中有两张图像，在时间线面板单击选择图层"1"，然后在菜单栏选择"效果>过渡>百叶窗"命令，给图像添加"百叶窗"效果器，如图4-40所示。

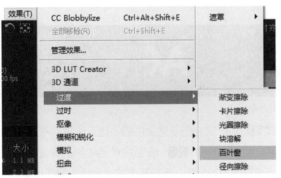

图4-40

2. 属性面板

➡ **过渡完成** 过渡完成 、**宽度** 宽度 ：在左上角"效果控件"面板中可以看到"百叶窗"效果器。将"过渡完成"属性的数值调大，画面中会出现百叶窗擦除的效果。"宽度"代表图像中每一个竖条的宽度，数值越大，百叶窗格子就会越宽，如图4-41所示。

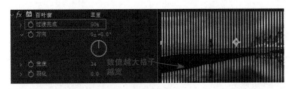

图4-41

➡ **羽化** 羽化 ：数值越大，百叶窗格子的边缘虚化就越严重，如图4-42所示。

图4-42

3. 制作百叶窗动画

Step① 单击"百叶窗"效果器右侧的"重置"图标 重置 ，重置所有参数。

Step② 将时间线移动到第一帧，接着单击激活"过渡完成"左侧的"码表"图标 过渡完成 ，并记录关键帧。

Step③ 按U键调出图像的所有关键帧，然后将时间线移动到第2秒的位置，接着把"过渡完成"属性的数值改成"100%"。

Step④ 现在动画就会显示从第一张图像逐渐过渡成第二张图像，同时过渡的"方向"也可以调整，如图4-43所示。

图4-43

📝 **提示**

百叶窗动画常见于户外广告中翻页效果的制作，它的另一种动画表现形式是向上或者向下拉动。

4.2.2 "径向擦除"效果器

1. 添加效果器

"径向擦除"表示沿着一定方向进行擦除过渡。单击选中图层"1"，然后在菜单栏选择"效果>过渡>径向擦除"命令即可添加该效果器。

2. 属性面板

➡ **过渡完成** 过渡完成 、**起始角度** 起始角度 ："过渡完成"属性的数值"0%"表示不产生过渡，数值逐渐变大，图像会以锚点为中心进行顺时针擦除。当调整完"过渡完成"的数值后，再调整"起始角度"的数值。"起始角度"可以改变擦除位置的起始点，如图4-44所示。

图4-44

> ➡ **擦除中心** <u>擦除中心</u>：单击"擦除中心"右侧的锚
> 点图标 **⊕**，可以在合成面板自定义擦除中心，如
> 图4-45所示。

图4-45

> ➡ **擦除** <u>擦除</u>："擦除"的方向默认是"顺时针"，也
> 可以调整成逆时针。
> ➡ **羽化** <u>羽化</u>：可以让擦除边界产生柔和过渡的效果，
> 如图4-46所示。

图4-46

可以利用"羽化"的特性让两个素材之间产生融合，
比如让天空产生融合。通过"过渡完成"找到两个素材
中天空部分的夹角，然后调整"起始角度"匹配天空位
置。这时把"羽化"属性的数值调大，那么两个素材的
天空就产生了融合的感觉，这就是"径向擦除"效果器
的应用，如图4-47所示。

图4-47

4.2.3　"线性擦除"效果器

1. 添加效果器

"线性擦除"是以直线的形式进行过渡擦除的。单
击选中图层"1"，在菜单栏选择"效果 > 过渡 > 线性
擦除"命令即可添加该效果器。

2. 属性面板

调整"过渡完成"属性的数值，动画会从左至右进
行擦除。在擦除的时候，同样也可以旋转"擦除角度"，
还可以调整它的"羽化"效果，让动画产生边界融合的
感觉，如图4-48所示。

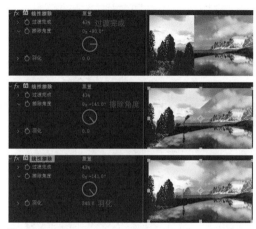

图4-48

3. 制作线性擦除动画

Step 01 单击"线性擦除"效果器右侧的"重置"图
标 **重置**，重置所有参数。

Step 02 将"过渡完成"的数值调为"13%"。

Step 03 把"擦除角度"调整到图像左下角的位置。

Step 04 将时间线移动到第一帧，把"过渡完成"属
性的数值改成"0%"，然后单击左侧的"码表"图
标 **⏱ 过渡完成**，制作关键帧动画。

Step 05 将时间线移动到第2秒，把"过渡完成"属性的
数值调成"100%"，就制作了一个从左上角擦除到右
下角的动画效果，如图4-49所示。

图4-49

图像就与广告牌匹配了，如图4-52所示。

📝 **提示**

　　"线性擦除"是在过渡效果器中经常使用的一个效果器。在过渡效果器里还有很多其他的效果器，比如"渐变擦除""卡片擦除""光圈擦除""块溶解"等，这些效果器都能让素材之间产生过渡效果。大家可以逐一对这些过渡效果器进行测试。

4.2.4　实例：广告牌过渡效果

　　本小节将讲解广告牌过渡效果的制作。在本小节的工程文件中，图层"1"和图层"2"是两张风景图，背景图是一张户外广告牌的图像，如图4-50所示。

图4-50

Step01 单击选中图层"1"，将不透明度降低，然后调整"缩放"属性的数值，利用移动工具将图片移动到广告牌的合适位置，如图4-51所示。

Step02 接下来让图像匹配广告牌。单击选中图层"1"，在工具栏单击选择钢笔工具，此时钢笔工具会变成蒙版工具。接着单击绘制广告牌的边框，闭合钢笔路径。绘制完毕后，将"不透明度"调整为"100%"，此时

图4-51

图4-52

Step03 图层"2"也需要重复上述步骤，以匹配广告牌的位置，如图4-53所示。

图4-53

Step04 单击选中图层"1"，在菜单栏选择"效果 > 过渡 > 百叶窗"命令，为图层"1"添加百叶窗过渡效果。然后单击选中图层"1"，将时间线移动到0秒，并单击激活"过渡完成"左侧的"码表"图标，如图4-54所示。

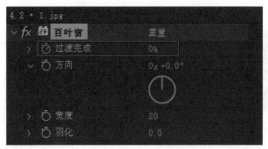

图4-54

Step 05 将时间线移动到第2秒，然后将"过渡完成"属性的数值调整为"100%"。现在过渡效果就完成了，如图4-55所示。

图4-55

Step 06 如果想让百叶窗由上至下过渡，可以调整它的"方向"。如果感觉百叶窗太密集，可以把"宽度"属性的数值提高，如图4-56所示。

图4-56

4.3 模糊和锐化效果

"模糊和锐化"中的所有效果器都是让画面产生模糊或者清晰的效果。它们的类型不同，功能也不同。接下来将介绍模糊和锐化效果器中常用的功能。

4.3.1 模糊效果应用

本小节将介绍高斯模糊、快速方框模糊、径向模糊、摄像机镜头模糊等常用的模糊效果。

先打开本小节的工程文件，然后单击选中图层"1"，接着在菜单栏选择"效果 > 模糊和锐化 > 高斯模糊"命令，为图像添加高斯模糊效果，如图4-57所示。

图4-57

1."高斯模糊"效果器

➥ **模糊度** ：数值越高画面越模糊。

➥ **模糊方向** ：包含"水平和垂直""水平"和"垂直"。"水平"表示在横向上产生模糊，一般在模拟一些物体的高速运动时会使用"水平"模糊方向。"垂直"表示在竖直方向上产生模糊。这里默认设置为"水平和垂直"选项。

➥ **重复边缘像素**：当给素材添加"高斯模糊"效果后，其边缘会产生黑边，如图4-58所示。此时勾选"重复边缘像素"，黑边就会消失。

图4-58

2."快速方框模糊"效果器

"快速方框模糊"效果器的参数和"高斯模糊"效果器的基本一致，如图4-59所示。

图4-59

"快速方框模糊"效果器的特点非常明显，在模糊图像时以方形进行模糊，其中"迭代"属性指控制模糊的重复次数，数值越大模糊越强烈。

3."径向模糊"效果器

"径向模糊"效果器以图像的锚点为中心径向向外模糊。找到界面左上角的网格图，在该图内任意单击一个点可以对应地调整图像的模糊中心。图像以旋涡状来展示模糊的最终效果，如图4-60所示。

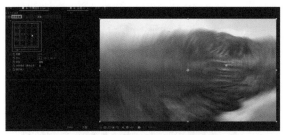

图4-60

➡ **数量** ⚙数量：该数值越高，图像越模糊。

➡ **中心** ⚙中心：可以自由调整模糊的中心点，并且和上方网格图关联在一起，如图4-61所示。

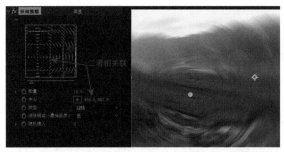

图4-61

➡ **类型** ⚙类型：包含"旋转"模式和"缩放"模式，如图4-62所示。

图4-62

4. "摄像机镜头模糊"效果器

"摄像机镜头模糊"效果器用于模拟夜景的光斑效果。删除现有图层后，在项目面板单击选择"夜景"素材并拖入时间线面板中，然后在时间线面板单击"夜景"图层，按快捷键Ctrl+Alt+F，把画面填充到整个合成。也可以在菜单栏选择"图层 > 变换 > 适合复合"命令来完成操作，如图4-63所示。

接下来为素材添加"摄像机镜头模糊"效果器。把"模糊半径"属性的数值提高，图像就有了光斑效果，如图4-64所示。

图4-63

图4-64

➡ **光圈属性**

形状 ⚙形状：可以改变光斑的形状。它包含三角形、正方形、五边形等，可以根据画面需求来选择，如图4-65所示。如果想让光斑的形状偏向于圆形，就可以改成十边形。

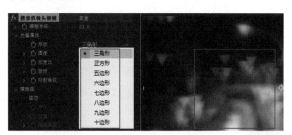

图4-65

圆度 ⚙圆度：如果在"形状"属性中选择了"正方形"，调整"圆度"属性后，正方形的光圈就会逐渐变成圆圈。

长宽比 ⚙长宽比：指光圈的长宽比，数值越高，光圈就越大；数值越低，光圈就越小，如图4-66所示。

图4-66

旋转 ⚙旋转：让光圈进行旋转。

➥ 模糊图

在"夜景"图层上添加"摄像机镜头模糊"效果器，如果时间线面板中还有其他图层，就可以在此界面选择需要添加的模糊图层，如图4-67所示。

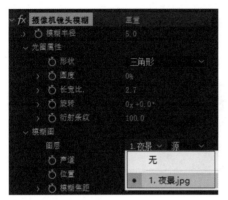

图4-67

➥ 高光

增益 增益：让画面更亮。

饱和度 饱和度：用于设置颜色的鲜艳程度。

> **📝 提示**
>
> 除"锐化"和"钝化蒙版"命令（见图4-68）外，其他的模糊效果大家可以自己去测试一下，基本功能都是类似的。

图4-68

4.3.2 锐化效果应用

锐化效果可以在一定程度上让素材变得更加清晰。AE中内置了两种锐化效果器，即"锐化"和"钝化蒙版"，首先来学习"锐化"效果器。

1."锐化"效果器

单击选中图层，然后在菜单栏选择"效果 > 模糊和锐化 > 锐化"。"锐化"效果器只有一个属性，其数值越大，图像的锐化效果越明显。将"锐化量"的数值调整为"60"后，画面会变得更加清晰锐利，如图4-69和图4-70所示。

图4-69

图4-70

> **📝 提示**
>
> "锐化"数值不是越大越好，如果数值调得过大，画面会失真。这个数值保持在50左右比较好。

2."钝化蒙版"效果器

将"锐化"效果器删除，然后在菜单栏选择"效果 > 模糊和锐化 > 钝化蒙版"命令。"钝化蒙版"也是锐化的功能。

"钝化蒙版"效果器与"锐化"效果器相比，可控参数更多，而且会使图像更加自然，如图4-71所示。"数量"的默认数值是"50"，将"数量"的数值提高后，整个画面会变得更加清晰。调整"半径"的数值也会使画面更加清晰。

图4-71

如果遇到有些模糊的视频，可以在视频素材上添加"钝化蒙版"效果器，让视频变得更加清晰。"数量"的数值通常在"50"到"70"之间，如图4-72所示。

图4-72

如果强制把"数量"的数值提高到"500"，那么图像中的每一个物体都会变得棱角分明，画面也会失真，不符合自然效果，如图4-73所示。

图4-73

4.3.3　实例：模拟相机焦距变化制作视频开场

本小节将利用学习过的知识，模拟相机焦距变化，完成视频开场的制作。

工程文件中的"实例"合成是已经完成的最终效果，大家可以在"4.3案例课堂练习"合成中，跟随操作步骤一起完成本实例，如图4-74所示。

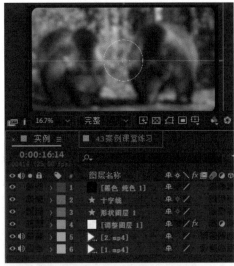

图4-74

1. 修剪合成区域

Step 01 单击选择项目面板中的图层"1"和图层"2"并拖入时间线面板，在时间线面板中将图层"2"移动到

最上层，如图4-75所示。

图4-75

Step 02 将时间线移动到图层"2"的最后一帧，按N键裁剪工作区域，接着单击选择工作区，再右击工作区，选择"将合成修剪至工作区域"命令，完成素材的调整，如图4-76所示。

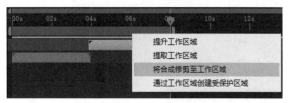

图4-76

2. 制作外圆圈效果

Step 01 在不选中任何图层的情况下，用鼠标左键长按工具栏中的"矩形工具"图标，然后单击选择椭圆工具 ，接着按住Shift键，在合成面板中画一个圆形。

Step 02 取消圆形的填充颜色，单击选中圆形图层并按快捷键Ctrl+Alt+Home，将锚点在圆形中居中放置。然后通过"对齐"面板的功能，让圆形在水平和垂直方向上对齐，如图4-77所示。

Step 03 单击选择圆形图层，在右侧"形状属性"面板中将描边颜色调暗一点，这时外圆圈就绘制完成了，如图4-78和图4-79所示。

图4-77

图4-78

图4-79

3. 制作内圆圈效果

Step① 单击展开"形状图层 1"的内容属性，再单击"内容"属性中的"椭圆 1"，按快捷键Ctrl+D复制一个图层。单击选中复制出来的"椭圆 2"，在右侧的属性面板中找到"比例"属性，将其数值调小一点，把"描边宽度"的数值调整为"4"，第二个圆圈就制作完成了。

Step② 第三个圆圈用同样的方法来制作。圆圈的线条粗细可以自由控制，达到美观效果即可，如图4-80所示。这里将"形状图层 1"重命名为"圆圈"。

图4-80

4. 制作十字效果

Step① 单击时间线面板空白处，取消选择图层。在工具栏选择钢笔工具，在合成面板内的左侧单击一个点，然后按住Shift键在右侧点一个点，就画出了一条直线。接着在"形状图层 1"的属性面板中，把"描边宽度"的数值调整为"5"，如图4-81所示。

图4-81

Step② 单击展开"形状图层 1"的"内容"属性，然后单击选中已经绘制好的"形状 1"并按快捷键Ctrl+D复制一个图层。接着单击选择"形状 2"，在右侧的属性面板中，把"旋转"属性的数值设置为"0 x + 90.0°"。

Step③ 找到"图层变换"属性下的"位置"，调整"位置"属性的数值后，圆圈中间会出现一个十字形，如图4-82所示。然后将"形状图层 1"重命名为"十字"。

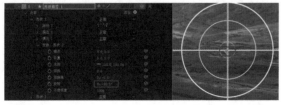

图4-82

5. 制作黑色蒙版图层

Step① 右击时间线面板空白处，然后选择"新建＞纯色"命令。将图层命名为"黑色"，并单击"制作合成大小"按钮，接着单击"确定"按钮。

Step② 单击选中"黑色"图层，然后找到工具栏，用鼠标左键长按椭圆工具并选择"圆角矩形工具" ，接着在合成面板中绘制一个黑色圆角矩形，如图4-83所示。

图4-83

> **提示**
>
> 使用图形工具时，在不选中任何图层的情况下，它只是一种绘制图形的工具。一旦选中图层，再使用图形工具绘制，该工具就变成了蒙版工具。蒙版工具的特性是只显示绘制区域内的图像。

Step③ 单击展开"黑色"图层的"蒙版"属性，在"蒙版 1"属性的右侧勾选"反转" 选项，随后就可以在合成面板中看见黑色的外框，如图4-84所示。

图4-84

6. 制作圆圈动画

Step① 将时间线移动到第一个素材快要结束的位置，然后单击选中"圆圈"图层并展开"变换"属性。接着将"缩放"属性的数值调整为"0"，并记录关键帧，如图4-85所示。

图4-85

Step② 将时间线移动到第二个素材快开始的位置，将"缩放"的数值调整为"100"，那么圆圈从无到有的动画就制作完毕了，如图4-86所示。

图4-86

> 📝 **提示**
>
> 如果感觉缩放动画播放得太慢,可以将两个关键帧的距离缩短一些。

7.制作十字动画

Step01 单击选中"十字"图层并展开"变换"属性,找到"不透明度"。然后将时间线移动到十字动画开始的位置,将"不透明度"的数值调整为"0%",并记录关键帧。

Step02 将时间线向右侧移动几帧,再将"不透明度"的数值调整为"100%",现在十字的动画就制作完毕了,如图4-87所示。

图4-87

8.制作黑色蒙版动画

Step01 单击选中"黑色"图层,然后单击展开"蒙版"属性并找到"蒙版扩展"。接着将数值调高,让黑色扩展到画面外,并记录关键帧,如图4-88所示。

图4-88

Step02 将时间线向右侧移动几帧,将"蒙版扩展"属性的数值调整为"-12"。此时蒙版由外至内的动画就制作完成了,如图4-89所示。

图4-89

9.制作模糊效果

Step01 右击时间线面板空白处,选择"新建>调整图层"命令。把新建的"调整图层 2"移动到图层"1"和图层"2"的上方。接着单击选择"调整图层 2",在菜单栏选择"效果>模糊和锐化>高斯模糊"命令。

Step02 将时间线移动到圆圈和黑色边框快出现的位置,然后单击激活"模糊度"属性左侧的"码表"图标并记录关键帧,如图4-90所示。

图4-90

Step03 将时间线移动到第二个素材快出现的位置,并将"模糊度"数值提高,如图4-91所示。

图4-91

Step04 选中图层"黑色""十字""圆圈"和"调整图层 2",按U键调出所有关键帧。然后将时间线向右侧移动两到三帧,为每一个数值添加静止关键帧,如图4-92所示。

图4-92

Step05 将时间线再次向右侧移动两到三帧,将"模糊度"数值调整为"0","缩放"数值调整为"0","不透明度"数值调整为"0%","蒙版扩展"数值调大,直到图像都消失,如图4-93所示。

图4-93

Step06 现在完成了一个画面从清晰到模糊，然后突然消失的转场效果。用鼠标左键框选全部关键帧，然后按F9键添加"缓动"效果，这样动画播放起来就更加有张力且更加自然。至此，本实例制作完成。

4.4 扭曲效果

"扭曲"中包含常用的"湍流置换""置换图""边角定位"等效果器，这些效果器都是以不同的方式让图像或者视频产生扭曲或者形变。

4.4.1 "湍流置换"效果器

在本小节的工程文件中，有一个条纹素材，接下来利用这个条纹素材让大家更直观地了解"湍流置换"效果器的使用方法，如图4-94所示。

图4-94

1. 添加效果器

单击选中素材图层，在菜单栏选择"效果 > 扭曲 > 湍流置换"命令。"湍流置换"常用于模拟水波纹的效果，可以让画面产生流动感，如图4-95所示。

图4-95

2. 属性面板

➥ **置换**：："置换"的类型非常多，每一种形式都是不一样的扭曲效果，相当于内置的扭曲预设，默认选项是"湍流"，如图4-96所示。

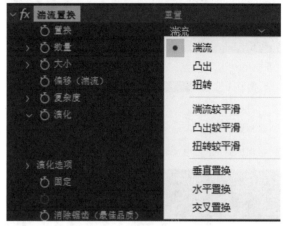

图4-96

➥ **数量**：：当"数量"属性的数值为"0"时，画面没有波动效果。如果将其数值调大，波动效果就会逐渐增大。"数量"属性可用来制作一些非常奇特的形状，如图4-97所示。

图4-97

→ **大小** ：“大小”属性的数值用于控制“湍流置换”效果器的效果强度。通过调整“大小”属性的数值，可以增加或减小使用“湍流置换”效果的规模，从而影响图像整体的表现力，如图4-98所示。

图4-98

→ **偏移（湍流）** ：可以自定义中心点，中心点移动到哪里，图像就会以那个点为中心进行偏移，如图4-99所示。默认情况下，中心点的位置在画面的中心轴点上。

图4-99

→ **复杂度** ：把“复杂度”的数值提高，会看到画面中的每个条纹都产生了破碎效果。这个数值越高，画面的波动效果就会越复杂，如图4-100所示。

图4-100

→ **演化** ：调整“演化”属性的数值，画面中的内容就会产生扭曲效果。同时可以给这个数值记录关键帧。假如有一张水面的图片，想让水面波动起来，也可以调整这个参数，如图4-101所示。

图4-101

→ **固定** ：可以保证图像边缘的稳定性。“水平固定”会在水平方向上产生固定的效果，“垂直固定”会在垂直方向上产生固定的效果。默认情况下是“全部固定”，如图4-102所示。

图4-102

→ **消除锯齿（最佳品质）** ：在计算机性能比较好的情况下，可以将其设置为“高”。默认为“低”即可。这个参数用于提高图像波动的质量，如图4-103所示。

图4-103

> **提示**
>
> 如果想制作画面的波动效果，首先就应该想到“湍流置换”效果器。它可以让任何素材波动起来，并产生复杂的变化。

3. 模拟水波纹效果

本案例将制作模拟水下波纹的效果，把一段实拍的素材模拟成水下的世界。

Step01 打开本案例的工程文件，单击选中素材图层，然后在菜单栏选择“效果＞扭曲＞湍流置换”命令，为素材添加“湍流置换”效果器，如图4-104所示。

图4-104

Step02 将时间线移动到第一帧的位置，单击激活“演化”属性左侧的“码表”图标 ，然后将时间线移到最后一帧，通过"演化"属性的数值让画面波动起来。如果感觉画面波动感太强烈，可以把"数量"数值调低一点，如图4-105所示。

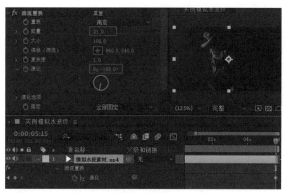

图4-105

Step 03 模拟水中气泡。单击项目面板中的"气泡"素材并拖入时间线面板。观察"气泡"素材，发现不需要该素材的前一段内容，所以要对素材进行裁剪。然后将时间线移动到对应位置，按快捷键Alt+[对素材进行裁剪。最后将素材的开始位置对齐到时间线的第一帧，如图4-106所示。

图4-106

Step 04 将"气泡"图层的混合模式调整为"屏幕"，将黑色过滤掉，如图4-107所示。然后单击选中"气泡"图层并把时间线移动到需要添加气泡的位置。现在画面是扭曲的并且产生了一些气泡。

图4-107

Step 05 单击选中"气泡"图层，按快捷键Ctrl+D复制一个图层。在时间线面板中将"气泡"素材向右侧移动几帧，再选择复制的"气泡"素材并使用移动工具将其移到画面的左侧，如图4-108所示。现在画面中产生了两个气泡素材。

图4-108

📝 提示

如果想在画面中添加多个气泡效果，可以再次复制上一个图层。如果想增加真实感，还可以在地面上添加一些简单的水纹光斑效果。

4.4.2 "置换图"效果器

"置换图"效果器是利用黑白灰信息让画面产生变形。白色信息使画面变形严重，灰色信息使画面变形平缓，黑色信息不产生变化，可以利用这种特性自定义很多黑白灰的颜色信息，并完成动画制作。

1. 制作空气波效果

Step 01 打开本小节的工程文件，单击选中"空气波素材"图层，在菜单栏选择"效果 > 扭曲 > 置换图"命令。

Step 02 在不选中任何图层的情况下，用鼠标左键长按工具栏中的图形工具并选择"椭圆工具" ⬭，然后取消填充效果 填充 ▧，只保留描边。接着按住Shift键，在合成面板中绘制一个圆形，如图4-109所示。

图4-109

Step 03 单击关闭"形状图层 1"的"眼睛"图标 👁，然后单击选中"空气波素材"图层，在左上角的效果控件中将"置换图"效果器的"置换图层"设置为"形状图层 1"图层，如图4-110所示。

图4-110

Step 04 "置换图"效果器中的参数较少，其中最主要的是"最大水平置换"和"最大垂直置换"。当把这两个属性的数值提高后，图像中就会有一个圆圈出现，也就是刚才绘制好的圆圈，如图4-111所示。

图4-111

Step 05 现在圆圈的边缘非常清晰。如果将边缘设置成虚化的效果，就必须在"形状图层 1"上添加模糊效果，让圆圈的灰色信息更多，这样才会产生柔和过渡的效果。

Step 06 将数值重置后，单击打开"形状图层 1"的"眼睛"图标 👁，然后单击选中"形状图层 1"，在菜单栏选择"效果 > 模糊和锐化 > 高斯模糊"命令。提高"模糊度"的数值，整个图像就会产生模糊感，如图4-112所示。

图4-112

Step 07 再次单击关闭"形状图层 1"的"眼睛"图标 👁，然后单击选择"空气波素材"图层，接着找到"置换图"效果器，将"置换图层"中的"源"改为"效果和蒙版"，如图4-113所示。

图4-113

> 📝 **提示**
>
> "源"代表在"形状图层 1"中没有添加任何效果器。如果添加了效果器，应该选择"效果和蒙版"，这样添加的高斯模糊才起作用。

Step 08 再次调整"最大水平置换"和"最大垂直置换"的数值，可以看到圆圈的边缘变得非常柔和。现在整个画面是以绘制的圆圈来产生凸起和凹陷的效果，如图4-114所示。"置换图"效果器非常适用于制作空气波。

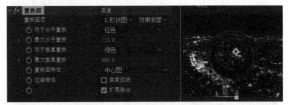

图4-114

> 📝 **提示**
>
> 使用"置换图"效果器最重要的是制作一张黑白灰的图像或者视频，利用黑白灰信息可以对原始画面产生影响。

2. 制作城市波动效果

打开本案例的工程文件，合成中有一个素材，现在需要完成让空气推动整个城市的效果，同样要使用"置换图"效果器。

Step 01 制作一个黑白素材。新建一个分辨率为3840×2160的合成，在"合成设置"对话框中将"合成名称"改为"置换图"，单击"确定"按钮，如图4-115所示。在这个合成中，只需要制作波动开的波纹效果即可。

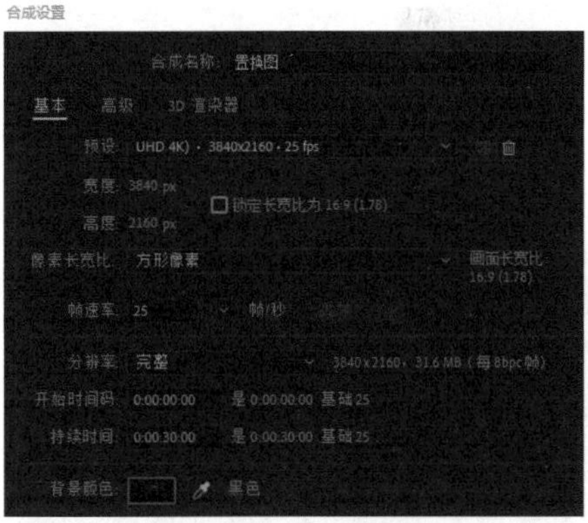

合成设置

图4-115

Step02 在时间线面板右击并新建一个纯色图层，然后在菜单栏选择"效果>生成>圆形"命令，可以直接利用它来制作动画，如图4-116所示。

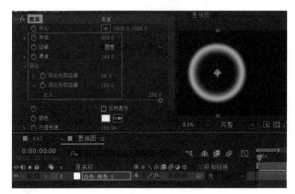

图4-116

Step03 为纯色图层添加"圆形"效果器之后，画面中会出现一个圆点。将"半径"数值调整为"650"，"边缘"属性选择"厚度"，把"厚度"数值调高。单击展开"羽化"选项，将"羽化外侧边缘"的数值调整为"94"，"羽化内侧边缘"的数值调整为"182"。现在主体效果就制作出来了，如图4-117所示。

图4-117

Step04 制作动画。单击激活"半径"属性左侧的"码表"图标 ，将第一帧的数值改成"0"，在快到1秒时将"半径"的数值调大，让圆圈超出整个画面。然后按U键调出所有关键帧，用鼠标左键框选两个关键帧，并按F9键为图像添加缓动效果，如图4-118所示。

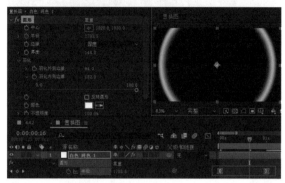

图4-118

Step05 单击选中纯色图层并按快捷键Ctrl+D复制一个图层，然后单击选中复制的图层，按U键调出关键帧。现在两个图层的关键帧是一模一样的，只需要用鼠标左键框选复制图层的两个关键帧，往后移动一些即可。再次播放动画后，画面就出现了两层圆圈，如图4-119所示。

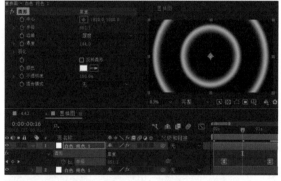

图4-119

Step06 返回上一个案例的合成中，在项目面板中单击选中制作好的空气波"置换图"合成并拖入时间线面板中。由于"置换图"合成的分辨率是3840×2160，比原始合成的分辨率大，需要单击选中"置换图"合成，然后将"缩放"属性的数值调到"50"，如图4-120所示。

Step07 接下来让"置换图"产生倾斜的效果。单击选中"置换图"图层，然后在菜单栏选择"效果>过时>基本3D"命令，如图4-121所示。

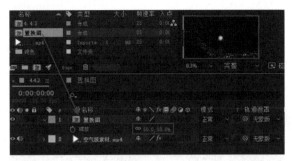

图4-120

图4-121

> **提示**
>
> 由于还没有学过3D图层，所以本案例先用"基本3D"效果器代替。学过3D图层后可以用3D图层代替"基本3D"效果器的功能。

Step08 "基本3D"效果器里有"旋转"和"倾斜"属性。先调整"倾斜"的数值，让"置换图"图层向内侧倾斜。然后调整"置换图"的"缩放"和"位置"数值来匹配城市区域的大小，让这个圆圈在城市边缘，如图4-122所示。

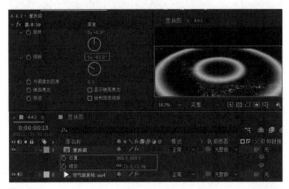

图4-122

Step09 单击关闭"置换图"图层的"眼睛"图标 ，然后单击选中"空气波素材"图层，接着在菜单栏选择

"效果 > 扭曲 > 置换图"命令，在"置换图层"右侧选择已制作好的圆圈"置换图"图层，并选择"效果和蒙版"选项，如图4-123所示。现在画面中产生了抖动效果。

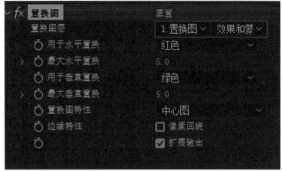

图4-123

Step10 还可以调整"最大水平置换"和"最大垂直置换"的数值，让画面中的空气波效果更加明显。然后把"用于水平置换"和"用于垂直置换"改为"亮度"，如图4-124所示。再次播放动画，整个城市的波动效果就已经制作完成了。

图4-124

> **提示**
>
> 如果想让整个画面中的波动效果多一些，可以返回"置换图"图层，多添加几个圆圈。如果为"置换图"图层添加高斯模糊效果，动画的过渡会更加柔和。

4.4.3 变形稳定器

本小节讲解"变形稳定器"的使用方法。当拍摄的视频产生了抖动，可以通过"变形稳定器"来增强视频画面的稳定性。"变形稳定器"的工作原理非常简单，假如视频画面向左抖动，添加"变形稳定器"后，它会让画面向右侧抖动，这样向左抖动的效果就被抵消了。

1. 添加效果器

打开本小节的工程文件，单击选中素材，然后在菜单栏选择"效果 > 扭曲 > 变形稳定器"命令。此时软件会自动分析画面，处理完毕后视频就变得稳定了，如图4-125所示。

图4-125

视频处理完毕后再播放，可以看到画面中镜头上下左右晃动的感觉已经消失。

2.属性面板

接下来认识一下"变形稳定器"的面板，如图4-126所示。

图4-126

➛ 稳定

结果：包含"平滑运动"和"无运动"两种模式，默认模式是"平滑运动"。如果视频中画面有抖动甚至抖动明显，当切换为"无运动"模式后，画面会变得扭曲，如图4-127所示。

图4-127

平滑度：用来调整画面的平滑度。一般来说，这个数值不需要改动。

方法：包含"位置""位置、缩放、旋转""透视"和"子空间变形"模式。这些模式根据不同的视频运动情况来选择。如果拍摄的视频产生左右或者上下的位置移动，可以选择"位置"模式。如果画面有位置、缩放以及旋转的变化，可以选择"位置、缩放、旋转"模式。通常选择"子空间变形"模式就能将视频处理成相对稳定的画面，如图4-128所示。

图4-128

➛ 边界

取景：包含四种模式，分别是"仅稳定""稳定、裁剪""稳定、裁剪、自动缩放"和"稳定、人工合成边缘"，如图4-129所示。这四种模式代表视频分析完成后要进行的操作。

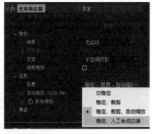

图4-129

选择"仅稳定"模式后，画面会产生变形，但还能够展示出拍摄时的运动幅度。而且屏幕旁边会出现黑边，需要手动放大画面来把黑边去掉，如图4-130所示。

图4-130

选择"稳定、裁剪"模式后，画面虽然是稳定的，但画面不仅会被裁剪，而且画面周围会出现黑边，如图4-131所示。

图4-131

选择"稳定、裁剪、自动缩放"模式后，可以在视频稳定后自动把画面放大一些并裁掉黑边，是经常使用的一种模式，如图4-132所示。

选择"稳定、人工合成边缘"模式后，可以不改变画面大小，自动通过重复边缘像素来填补空白区域。

➛ 高级

如果为视频素材添加了"变形稳定器"，画面仍然没有得到更稳定的处理，这时可以单击展开"高级"选项并勾选"详细分析"，如图4-133所示。软件会重新分析该段视频素材，计算的精度会提高，视频的处理效果也会更好，但是分析的速度会变慢。

图4-132

图4-133

4.4.4 "边角定位"效果器

1. 添加效果器

本小节将讲解"扭曲"中的"边角定位"效果器。本小节的工程文件中有一段广告牌的视频，如图4-134所示。如果想替换其中一块广告牌的图片，只需要使用"边角定位"效果器就可以快速实现。

图4-134

在时间线面板中，单击图层"1"左侧的"眼睛"图标 ，将需要替换的图像显示出来，然后单击选中图层"1"，接着在菜单栏选择"效果>扭曲>边角定位"命令。

2. 属性面板

"边角定位"效果器中有"左上""右上""左下"和"右下"四个定位点，这四个定位点会出现在图像的四个边角上，如图4-135所示。

图4-135

在合成面板中拖曳这四个定位点，或者在效果器面板中单击对应的"锚点"图标 即可快速地将四个点定位到图像的广告牌上，如图4-136所示。

图4-136

> **提示**
>
> 如果不好观察已定位的四个点，可以将图层"1"的"不透明度"数值降低一些再找定位点。

4.4.5 扭曲效果的其他功能

前文中已经讲解了扭曲效果的常用功能，本小节将介绍其他一些简单的效果器，在制作视频的时候，部分效果器可能会用到。

1. "球面化"效果器

单击选中素材图层，然后在菜单栏选择"效果>扭曲>球面化"命令。

"球面化"效果器可以让画面产生凹凸的视觉效果。"半径"属性的数值越大，效果器的影响范围越大。通过"球面中心"可以控制效果器影响的区域，如图4-137所示。

图4-137

2.“贝塞尔曲线变形”效果器

单击选中素材图层，然后在菜单栏选择“效果 > 扭曲 > 贝塞尔曲线变形”命令。

素材的四个角会产生四个点，拖曳这些点可以产生相应的拉扯变化。如果想要制作户外电影幕布的效果，可以通过“贝塞尔曲线变形”效果器让图像产生拉扯效果，如图4-138所示。

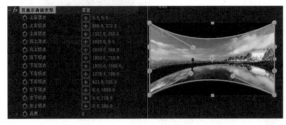

图4-138

3.“放大”效果器

单击选中素材图层，然后在菜单栏选择“效果 > 扭曲 > 放大”命令。

“放大”效果器可以让画面中的某个局部产生放大的效果。利用“中心”属性的“锚点”图标■可以调整素材需要放大的位置，“放大率”和“大小”属性可以调整放大的倍数和放大的范围，如图4-139所示。

图4-139

4.“偏移”效果器

单击选中素材图层，然后在菜单栏选择“效果 > 扭曲 > 偏移”命令。

“偏移”效果器会根据图像的大小进行拼贴，移动中心点可以看到偏移的结果，如图4-140所示。

图4-140

5.“网格变形”效果器

单击选中素材图层，然后在菜单栏选择“效果 > 扭曲 > 网格变形”命令。

“网格变形”与“贝塞尔曲线变形”效果器有些相似，但“网格变形”是以“行数”和“列数”的形式进行展示的。调整“行数”和“列数”的数值，可以在画面中形成相应的密集网格。在合成面板中拖曳网格节点，可以使图像产生扭曲和变形的效果，如图4-141所示。

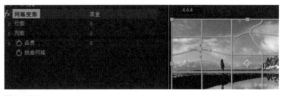

图4-141

6.“极坐标”效果器

单击选中素材图层，然后在菜单栏选择“效果 > 扭曲 > 极坐标”命令。

该效果器可以让画面产生扇形扭曲变形的视觉效果，并将直角坐标转化为极坐标，如图4-142所示。

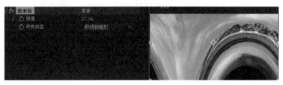

图4-142

7.“波纹”效果器

单击选中素材图层，然后在菜单栏选择“效果 > 扭曲 > 波纹”命令。

把“半径”数值调大后，画面中会产生波纹效果。通过调整“波纹中心”“转换类型”等属性，可以控制图像中波纹的形状和大小，如图4-143所示。

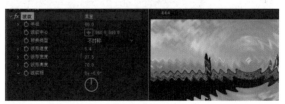

图4-143

8.“液化”效果器

单击选中素材图层，然后在菜单栏选择“效果 > 扭曲 > 液化”命令。

“液化”效果器中的功能非常多，可以对图像进行修饰，比如给人像瘦脸、瘦身等，如图4-144所示。如果仅针对视频素材，需要对视频进行跟踪才能完成。

此效果器在AE中不经常使用。

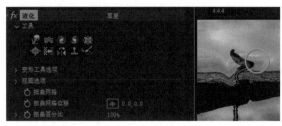

图4-144

4.4.6 实例：替换户外广告牌

本小节要完成替换户外扭曲广告牌的实例。如果广告牌是矩形的，可以通过"边角定位"效果器快速完成替换。如果广告牌是弯曲形状的，就需要结合上文学习过的知识进行替换。

Step01 打开本小节的工程文件，单击选中素材图层，把"不透明度"的数值降低，方便观察。

Step02 将素材缩放到和整个屏幕适配的大小，然后按快捷键Ctrl+Shift+C对素材进行预合成，并将"新合成名称"改为"滑雪素材"，如图4-145所示。

图4-145

Step03 进入滑雪素材预合成内部，单击"目标区域"按钮🔲，将合成裁剪成和滑雪素材一样大。然后在菜单栏选择"合成 > 裁剪合成到目标区域"命令，如图4-146所示。

Step04 返回广告牌合成，对素材的位置进行简单的匹配，然后在菜单栏选择"效果 > 扭曲 > 贝塞尔曲线变形"命令。将曲线上的角点都贴合到弯曲的广告牌上，可以拖曳角点让图像边缘产生弧度，直到所有位置都匹配完成，如图4-147所示。

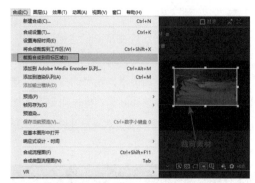

图4-146

图4-147

Step05 滑雪素材匹配完成后，双击"滑雪素材"图层，将"不透明度"的数值调整为"100%"，然后返回广告牌的合成中。

Step06 广告牌原图中，前面还有一个建筑的剪影，需要把这个建筑的形状抠取出来并让它盖在屏幕上，使画面更真实。单击选中"广告牌"图层，并按快捷键Ctrl+D复制一个图层，然后将复制的图层移动到最上层。接着单击选中复制的图层，把画面放大，利用钢笔蒙版工具把建筑的轮廓勾勒出来，如图4-148所示。

图4-148

Step 07 单击选中上层的"广告牌"图层,展开它的"蒙版"属性,调整"蒙版扩展"的数值,让图像向内缩小一圈,消除建筑的白边。现在整个屏幕的遮挡关系就处理完毕了,如图4-149所示。

图4-149

Step 08 在时间线面板单击选中"滑雪素材"图层,然后在菜单栏选择"效果>风格化>发光"命令。接着把"发光半径"的数值调低,把"发光阈值"的数值提高,屏幕就合成完毕了,如图4-150所示。

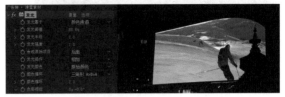

图4-150

4.5 生成效果

生成效果适用于生成特殊的效果,比如闪电、颜色、光晕等,并且需要借助纯色图层或者调整图层来完成。

4.5.1 "填充"效果器

1. 添加效果器

首先了解一下"填充"效果器,这个效果器在AE中使用频率极高。打开本小节的工程文件,单击选中"飞船"图层,然后在菜单栏选择"效果>生成>填充"命令,如图4-151所示。"填充"效果器就是对素材填充颜色,在任何图层上都可以使用。

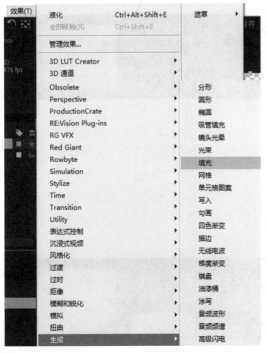

图4-151

添加"填充"效果器后,飞船就会以填充的颜色进行显示,如图4-152所示。

图4-152

2. 属性面板

- ➥ **颜色** 颜色:可以自定义任何想要的颜色。
- ➥ **不透明度** 不透明度:控制颜色的不透明度。
- ➥ **反转** 反转:勾选"反转"选项后,飞船不填充颜色,其他部分填充颜色,如图4-153所示。

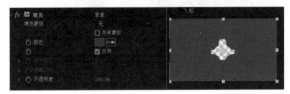

图4-153

3. 制作飞船的阴影效果

接下来完成一个简单的案例。现在飞船没有阴影,可以利用"填充"效果器给飞船制作阴影。

Step 01 单击"填充"效果器并按Delete键将其删除,然后在时间线面板单击选中"飞船"图层,按快捷键Ctrl+D复制一个图层并将图像向下移动。将复制出来的图层放到最下层。单击选中下层的"飞船"图层,拖曳素材边框上方中间的调整点,让"飞船"素材在垂直方向上缩放,如图4-154所示。

图4-154

Step 02 播放视频后，若发现影子的方向不对，单击选中作为影子的"飞船"图层，右击图层，再单击选择"变换 > 垂直翻转"命令。现在影子效果就正常了，如图4-155所示。

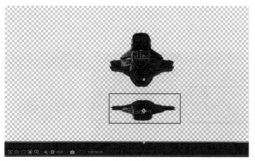
图4-155

Step 03 单击选中作为影子的"飞船"图层，然后在菜单栏选择"效果 > 生成 > 填充"命令，把填充的"颜色"改为深灰色。现在影子素材基本制作好了，如图4-156所示。

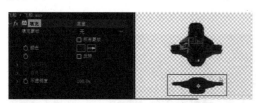
图4-156

Step 04 此时影子的边缘非常实。在菜单栏选择"效果 > 模糊和锐化 > 高斯模糊"命令，调整"模糊度"的数值，让影子边缘变得模糊一些，同时也可以把"填充"效果器的"不透明度"数值降低。现在就制作好了飞船的影子，如图4-157所示。

图4-157

4.5.2 "梯度渐变"和"四色渐变"效果器

本小节将学习"生成"中的"梯度渐变"和"四色渐变"效果器。渐变效果器可以让纯色图层产生不同的颜色变化。在制作黑白图时，可以配合"置换图"和"亮度遮罩"等功能一起使用。

1."梯度渐变"效果器

新建一个白色的纯色图层，单击选中该图层，在菜单栏选择"效果 > 生成 > 梯度渐变"命令。画面会以黑白颜色产生渐变的效果，"起始颜色"为黑色，"结束颜色"为白色，中间部分产生灰色过渡，如图4-158所示。

图4-158

"起始颜色"和"结束颜色"可以自由更改，比如将"起始颜色"调整为粉红色，"结束颜色"调整为绿色，渐变效果会产生相应的变化。同时，还可以通过调整"渐变起点"和"渐变终点"来自定义渐变的起始和结束位置，从而轻松实现颜色的渐变效果，如图4-159所示。

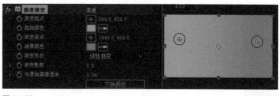
图4-159

在设置好颜色渐变效果后，可以调整"渐变形状"。"线性渐变"是指颜色沿一个轴线（水平或垂直），从一种颜色过渡到另一种颜色。而"径向渐变"则以圆心为基准产生圆形渐变的效果，如图4-160所示。"梯度渐变"效果器常用于制作彩色背景或黑白图层，可以增强视觉效果和实现创意表达。

图4-160

2. "四色渐变"效果器

单击选中图层，然后在菜单栏选择"效果 > 生成 > 四色渐变"命令。"四色渐变"和"梯度渐变"的主要区别在于，"四色渐变"有四个可自定义的颜色点，从而增加了颜色渐变的多样性，如图 4-161 所示。如果想制作五彩斑斓的背景效果，可以使用"四色渐变"效果器来完成。

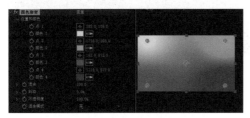

图 4-161

4.5.3　"镜头光晕"效果器

本小节将讲解"镜头光晕"效果器。"镜头光晕"效果器用于模拟太阳照射镜头而产生光斑的效果。在原始的素材上可以直接添加"镜头光晕"效果器，但不建议这样操作。因为在特效合成时，可能会对原始素材进行调整，会影响后续制作。所以"镜头光晕"效果器需要通过单独的图层来承载。

1. 添加效果器

打开本小节的工程文件，在时间线面板空白处右击，再选择"新建 > 调整图层"命令，如图 4-162 所示。

图 4-162

选中调整图层，在菜单栏选择"效果 > 生成 > 镜头光晕"命令，给调整图层添加"镜头光晕"效果器。现在画面中就出现了一种模拟太阳光照的效果，如图 4-163 所示。

图 4-163

2. 属性面板

→ **光晕中心** <u>光晕中心</u>：更换光晕的位置。

→ **光晕亮度** <u>光晕亮度</u>：数值越大光晕就会越亮。

→ **镜头类型** <u>镜头类型</u>：包含"50-300毫米变焦""35毫米定焦"和"105毫米定焦"，不同的镜头类型产生的光斑也是不一样的，如图4-164所示。

图 4-164

→ **与原始图像混合** <u>与原始图像混合</u>：设置与原始图像的混合程度。

> **提示**
>
> 可以利用"光晕中心"制作关键帧动画，并匹配画面的运动。

4.5.4　生成效果的其他功能

本小节带领大家了解"生成"中其他简单效果器的功能。

1. "光束"效果器

创建一个纯色图层，颜色为黑色，单击选中该图层，在菜单栏选择"效果 > 生成 > 光束"命令。"光束"效果器面板的介绍如下。

→ **内部颜色** <u>内部颜色</u>、**外部颜色** <u>外部颜色</u>：可以自定义光束的颜色。

→ **起始点** <u>起始点</u>、**结束点** <u>结束点</u>、**长度** <u>长度</u>：可以自定义光束的起始位置、结束位置和长度。定义完起始位置后若发现光束并没有与起始和结束位置一样长，可以把"长度"属性的数值提高，如图4-165和图4-166所示。

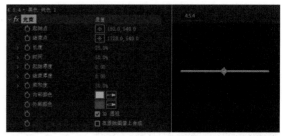

图 4-165

图4-166

> ➡ **时间** ⏱时间：调整"时间"属性的数值可以让图片中的光束流动起来，常用于动画制作。

> ➡ **起始厚度** ⏱起始厚度：把数值调大后，光束的起始点会变粗。"结束厚度"的原理与之相同。

> ➡ **柔和度** ⏱柔和度：可以让光晕产生更加柔和的效果。

2. "网格"效果器

单击选中图层，然后在菜单栏选择"效果 > 生成 > 网格"命令，画面中会展现出网格的形式。在三维特效合成时经常会利用"网格"效果器制作一个三维的参考平面，如图4-167所示。

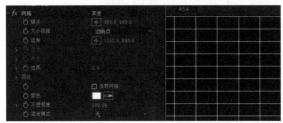

图4-167

"网格"效果器的面板介绍如下。

> ➡ **边界**：可以调整网格的宽度。

> ➡ **颜色**：可以自定义网格的颜色。

3. "棋盘"效果器

单击选中图层，然后在菜单栏选择"效果 > 生成 > 棋盘"命令，画面中会展现出黑白棋盘格的形式。"棋盘"效果器的"大小依据"和"宽度"都可以自定义。在制作真实的棋盘时可以使用这个效果器，如图4-168所示。

图4-168

4. "无线电波"效果器

单击选中图层，然后在菜单栏选择"效果 > 生成 > 无线电波"命令。使用"无线电波"效果器可以制作出简单的电波效果，但这个效果很少使用，因为使用后呈现出的效果比较粗糙，如图4-169所示。

图4-169

5. "高级闪电"效果器

单击选中图层，然后在菜单栏选择"效果 > 生成 > 高级闪电"命令。"高级闪电"效果器中的参数比较多，可以自定义闪电的类型、方向、颜色等，如图4-170所示。

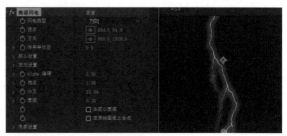

图4-170

根据自己的需求可以选择不同的闪电类型，合成面板中会出现对应的闪电效果，如图4-171所示。

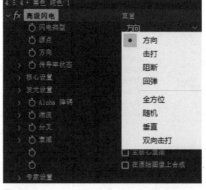

图4-171

📝 **提示**

以上效果器简单了解即可，因为这些效果器很少在实际操作中用到。

4.6　时间效果

"时间"中的功能大部分都与时间有关，当然这些功能也都是针对动态视频，对静止图像不会产生作用。本节将学习抽帧、残影、时间置换、时间重映射等功能。

4.6.1　抽帧和残影

在本小节的工程文件中有一段人物跳舞的视频，视频的帧速率是每秒25帧。这个素材中的人物运动比较流畅。现在需要对素材进行"抽帧"，也就是调整原始素材的帧速率。

1."抽帧"效果器

单击选择"人物"图层，然后在菜单栏选择"效果 > 时间 > 抽帧"命令，素材就会以帧速率 的形式进行显示。在"抽帧"效果器中，把"帧速率"的数值调成"5"，也就是将每秒25帧调低到每秒5帧，随后画面就变得卡顿，如图4-172所示。

图4-172

> **提示**
>
> "抽帧"是王家卫导演常用的表现手法，并形成了独特的电影风格。如果想模拟此风格，可以把"帧速率"的数值调整为"12"。如果帧速率太低，画面就会失去连续性。

2."残影"效果器

单击选中"人物"图层，然后在菜单栏选择"效果 > 时间 > 残影"命令，此时画面会产生曝光。"残影"效果器的原理非常简单，添加"残影"效果器之后，人物会产生残影，人物和产生的残影相加之后，画面就会变亮，如图4-173所示。

图4-173

残影时间（秒） ：用于设置延时图像的产生时间。当数值设置为"-0.033"，就表示延迟0.033秒之后出现另外一个残影，如图4-174所示。

图4-174

残影数量 ：表示画面中一共出现几个残影，当出现三个残影时，人物曝光会更加明显，人物的残影效果也会更加突出，如图4-175所示。

图4-175

起始强度 、**衰减** ：如果画面曝光太严重，可以将"起始强度"的数值降低，并且把"衰减"的数值也降低，画面就没有那么亮了。此时画面中的人物就产生了一些迷幻的效果。

"残影"效果器设置完成后，单击选中"人物"图层，在菜单栏选择"效果 > 时间 > 抽帧"命令，接着将"帧速率"的数值改成"12"，此时就可以简单模拟出王家卫导演的那种逐渐迷离的电影风格。这就是"抽帧"和"残影"效果器的配合使用方式，如图4-176所示。

图4-176

4.6.2　有趣的视频分离效果——时间置换

前边的章节中讲解过"置换图"效果器的使用方法。"置换图"是通过建立黑白图层后完成画面的置换效果，"时间置换"也是同样的道理，需要通过黑白图层让时间产生偏移。

1. 添加效果器

打开本小节的工程文件，在时间线面板中有一段跳舞的视频素材，如图4-177所示。下面通过该素材来完成时间置换的效果。

图4-177

单击选中"人物"图层，然后在菜单栏选择"效果 > 时间 > 时间置换"命令，如图4-178所示。

图4-178

2. 属性面板

➡ **最大移位时间 [秒]** ![最大移位时间[秒]]：数值越大，画面的拉伸感越强烈。

➡ **时间分辨率 [fps]** ![时间分辨率[fps]]：将数值调大，可得到更精确的运算效果，同时也增加了更多的渲染时间。

3. 制作人物时间偏移效果

Step01 右击时间线面板空白处，然后选择"新建 > 纯色"命令，如图4-179所示。新建一个纯色图层，并将其命名为"黑白图层"。

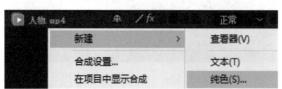

图4-179

Step02 单击选中"黑白图层"图层，然后在菜单栏选择"效果 > 生成 > 梯度渐变"命令，制作一个黑色从左至右渐变成白色的效果，如图4-180所示。

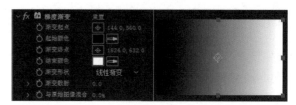

图4-180

Step03 把"黑白图层"图层移动到"人物"图层的下方，然后单击选中"人物"图层，在"时间置换图层"属性右侧选择"黑白图层"图层以及"效果和蒙版"，如图4-181所示。

图4-181

Step04 播放视频，视频会以渐变图层的黑白关系产生时间偏移效果，如图4-182所示。

图4-182

Step05 如果想让人物在横向上产生时间偏移效果，只需要把黑白渐变图层的渐变方向调整为自上而下，如图4-183所示。

图4-183

Step06 现在人物就在横向上产生了时间偏移的效果，如图4-184所示。

图4-184

4.6.3　慢动作效果制作——时间重映射

本小节将学习"时间重映射"效果器，并制作慢动作效果。原始素材是一段人物向后翻跳的视频，视频最精彩的瞬间通常会做慢动作处理，此时就需要使用"时间重映射"效果器。

Step01　单击选择时间线面板中的图层，然后右击时间线，并选择"时间>启用时间重映射"命令，在素材的首帧和尾帧添加两个关键帧，如图4-185和图4-186所示。

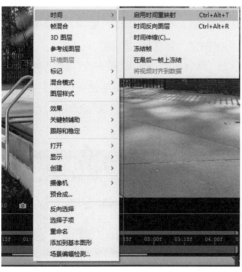

图4-185

图4-186

Step02　目前视频是正常播放的效果，并没有产生任何变化。如果想让某一段时间产生慢动作，就需要添加关键帧。在人物起跳的时候添加一个关键帧，然后将时间线移动到人物跳跃快结束的位置，并添加另一个关键帧。此时已经把需要添加慢动作的时间区域标记出来了，如图4-187所示。

图4-187

Step03　单击选中动作结束帧并向后拖曳。现在慢动作的时间就被拉长了，对应的动作就会变慢，如图4-188所示。

图4-188

Step04　素材时长是固定的，把中间这段视频放慢之后，后续时间的视频就会变快。如果想把标记关键帧区间的动作变快，就把第三帧向左侧移动，缩短两个关键帧的距离即可。

> 📝 提示
>
> 通过"时间重映射"效果器可以制作慢动作或者快动作，在制作一些精彩片段的时候往往会用到此功能。

4.7　杂色和颗粒效果

"分形杂色"效果器是经常使用的效果器，它可以产生一块黑白的图像。在AE中，很多效果都是通过黑白图像来完成的，在后续学习轨道遮罩时也会用到黑白图像。所以本节只需要重点掌握"分形杂色"效果器。

4.7.1　"分形杂色"效果器

打开本小节的工程文件，新建一个名称为"分形杂色"的纯色图层，将颜色设置为黑色。

1. 添加效果器

单击选中"分形杂色"图层，然后在菜单栏选择

"效果 > 杂色和颗粒 > 分形杂色"命令。

添加"分形杂色"效果器后就可以得到一张杂乱的黑白图像，这块颜色可以过渡成很多种效果，比如火焰、云雾、海底的水纹等，如图4-189所示。

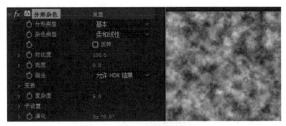

图4-189

2. 面板属性

→ **分形类型**：不同类型中，黑白的颜色块会有所不同。这里可以自定义多种效果，最常用的是"基本"类型，如图4-190所示。

图4-190

这里展示几种常用的"分形类型"效果，如图4-191所示。

图4-191

→ **杂色类型**：表示黑白颜色以什么形式展示，如图4-192所示。

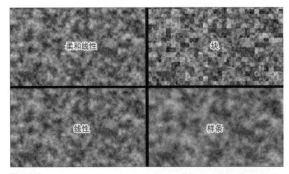

图4-192

→ **反转**：当勾选"反转"选项后，画面中的黑色会变

为白色，白色会变为黑色，颜色会进行颠倒，如图4-193所示。

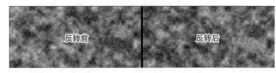

图4-193

→ **对比度**：黑色和白色之间的对比。提高数值，图像中黑色和白色的对比会非常明显，降低数值则对比减弱，如图4-194所示。

图4-194

→ **亮度**：提高"亮度"数值，画面会变亮。当提高到一定数值时画面会变成白色，降低到一定数值时画面会变成黑色。

→ **变换**

旋转：可以将整个图层进行旋转。

缩放：默认勾选"统一缩放"选项，当调整数值时，x轴和y轴会一起变化。取消勾选"统一缩放"选项，可以对"缩放宽度"和"缩放高度"单独调整。只调整"缩放宽度"的数值，会使图像在横向上产生拉伸效果，这样就可以制作出一种流动光线的效果，如图4-195所示。

图4-195

只调整"缩放高度"的数值，会使图像在竖直方向上产生拉伸效果，这样可以制作出波浪效果，如图4-196所示。

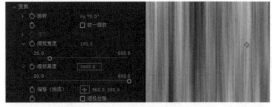

图4-196

偏移（湍流）：调整"偏移（湍流）"属性的数值，可以让画面在 x 轴或者 y 轴上产生移动。

→ **复杂度**：指黑白颜色的复杂程度。降低"复杂度"的数值，画面会变得非常模糊并且没有细节。提高"复杂度"的数值，画面中的黑白颜色就会变得更加明显，如图 4-197 所示。

图 4-197

→ **子设置**

"变换"属性中的参数会影响整个"分形杂色"图层的位置、旋转、缩放效果等，而"子设置"中的参数会影响画面中的黑白颜色信息变化，如图 4-198 所示。

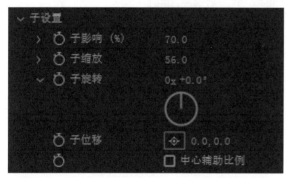

图 4-198

子影响（%）：提高该数值后，图像中的黑白颜色信息会更加密集。这种效果就像大理石表面的质感，如图 4-199 所示。

图 4-199

子缩放：可以调整黑白颜色块的大小。将数值调高，黑白颜色的色块会放大且图像变得模糊，如图 4-200 所示；将数值调小，画面会变得清晰。

图 4-200

子旋转：针对黑白颜色信息进行旋转。

子位移：对黑白颜色进行位移。

→ **演化**：其功能是让黑白颜色动起来，可以用这个特性来制作关键帧动画，如图 4-201 所示。

图 4-201

3. 制作光线流动效果

Step 01 重置所有参数，然后找到"变换"属性，取消勾选"统一缩放"选项。将"缩放宽度"的数值提升至"6000"，再将"缩放高度"的数值降低到"50"，让画面产生线条感，如图 4-202 所示。

图 4-202

Step 02 单击选中"分形杂色"图层，然后在菜单栏选择"效果 > 颜色校正 > 三色调"命令，将"中间调"的颜色调整为蓝绿色，如图 4-203 所示。

图 4-203

Step 03 单击选中图层，然后在菜单栏选择"效果 > 风格化 > 发光"命令，并调整"发光"效果器中的参数，如图 4-204 所示。

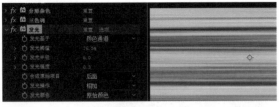

图4-204

Step04 找到"分形杂色"效果器中的"偏移（湍流）"，将时间线移动到第一帧，单击激活"偏移（湍流）"左侧的"码表"图标 偏移（湍流）。然后将时间线向右侧移动，将"偏移（湍流）" *x* 轴的数值提高到"5000"，这样就完成了光线流动效果动画的制作，如图4-205所示。

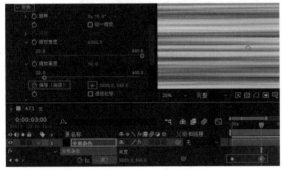

图4-205

4.7.2 其他效果器

本小节将讲解"杂色和颗粒"中其他效果器的功能。

1."中间值"效果器

打开本小节的工程文件，单击选择素材，然后在菜单栏选择"效果 > 杂色和颗粒 > 中间值"命令。

"中间值"效果器分为旧版和新版，两个版本的功能几乎是一样的。

在"中间值"效果器中，把"半径"的数值不断提高，画面会逐渐融合。当画面中有一些细线时，可以利用此功能将其删除，如图4-206所示。

图4-206

如果想让上方的电线消失，而下方的桥梁保持清晰，按快捷键Ctrl+D复制一个图层，将上层素材的

"中间值"效果删除。

单击选中没有中间值效果的图层，利用矩形蒙版工具，在合成面板中用鼠标左键框选下方桥梁部分，这样就完成了制作，如图4-207所示。

图4-207

2."杂色"效果器

添加"杂色"效果器后，画面会出现一些杂色颗粒效果。"杂色数量"的数值越高，杂色越多。"杂色"效果器一般用于模拟空气中的一些尘埃，或者老胶片电影中的颗粒质感，如图4-208所示。

图4-208

3."湍流杂色"效果器

"湍流杂色"和"分形杂色"效果器的功能差不多，使用"分形杂色"即可。

4."添加颗粒"效果器

使用"添加颗粒"效果器可以让画面产生颗粒感。图像一开始以一个正方形的区域显示，此时可以调整"大小""长宽比"等属性的数值。确定基本效果后，在"查看模式"中选择"最终输出"选项，颗粒效果就会影响整个画面，如图4-209所示。

图4-209

5."蒙尘与划痕"效果器

添加"蒙尘与划痕"效果器后，软件会自动进行运算。调整"半径"属性的数值，可以让画面产生不同的变化，如图4-210所示。

图4-210

6.“移除颗粒”效果器

当画面中有一些颗粒时，可以通过此效果器将其移除，这个操作俗称“降噪”。

到目前为止，AE大部分常用的效果器都已经讲解完毕。本章开始时就提到AE除了内置效果器，还有很多外置效果器。在今后深入的学习过程中，可能会经常使用外置效果器。

> 下面介绍一下AE效果器及脚本的安装目录。
>
> 效果器安装目录：安装盘符:\AE2024\Adobe After Effects 2024\Support Files\Plug-ins。
>
> 外置的各种效果器需要安装到“Plug-ins”文件夹中，AE的内置效果器也安装在此目录中。
>
> 脚本安装目录：安装盘符:\AE2024\Adobe After Effects 2024\Support Files\Scripts。
>
> 脚本文件的后缀为“.jsx”或“.jsxbin”，需要安装到名为“Scripts”的文件夹中。

4.8 综合训练：制作真实火焰效果

本节将利用前文学习过的知识来完成火焰效果的制作，通过这个案例可以巩固一下学习过的知识。本节的工程文件中包含已经制作好的“4.8综合训练”合成，如果在制作过程中需要参考，可返回此合成中进行查看。

Step**01** 新建一个分辨率为1920×1080的合成，然后将“合成名称”改为“总合成”。

Step**02** 利用钢笔工具在合成面板中绘制火焰的大概形状。绘制完毕后，单击选择绘制的“形状图层 1”并向下移动，对齐合成的边缘。现在就勾勒出了火焰的初始形状，如图4-211所示。

图4-211

Step**03** 单击选中“形状图层 1”，然后在菜单栏选择“效果>模糊和锐化>快速方框模糊”命令。将“模糊半径”的数值调整为“35”，让火焰的边缘产生虚化的效果，如图4-212所示。

图4-212

Step**04** 右击时间线面板空白处，然后选择“新建>纯色”命令，将该纯色图层命名为“内焰”。将颜色设置为黑色，用于模拟火焰内部的颜色。

Step**05** 单击选中“内焰”图层，在菜单栏选择“效果>杂色和颗粒>分形杂色”命令。此时需要让火焰向上燃烧，找到“变换”属性并取消勾选“统一缩放”选项，将“缩放宽度”的数值调整为“76”，“缩放高度”的数值调整为“741”。将“亮度”的数值调整为“5”，火焰的初始形状就出现了，如图4-213所示。还可以将“对比度”的数值调整为128，使图像中的明暗对比更强。

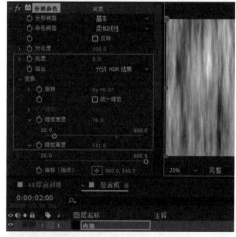

图4-213

Step**06** 将时间线移动到第7秒左右的位置，按N键修剪工作区，右击工作区，再选择“将合成修剪至工作区域”，现在合成只有7秒左右的时间，如图4-214所示。

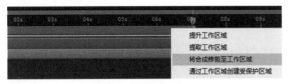

图4-214

Step07 将时间线移动到第一帧并单击激活"偏移（湍流）"属性左侧的"码表"图标 ○ 偏移（湍流），然后将时间线移动到最后一帧，将"偏移（湍流）"属性中的y轴数值改为"-2014"左右。目前火焰以规则的形态向上移动，接下来给火焰添加扰乱的效果。

Step08 在菜单栏选择"效果＞扭曲＞湍流置换"命令。将"湍流置换"效果器的"数量"调至"29"左右，不要让图像波动太大。在第一帧中，单击激活"偏移（湍流）"属性左侧的"码表"图标 ○ 偏移（湍流），然后将时间线移到最后一帧，将"偏移（湍流）"属性的y轴数值调整为"-1000"左右。现在火焰就扰动起来了，如图4-215所示。

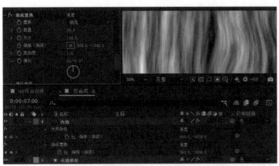

图4-215

Step09 火焰在燃烧时，通常上部分是扰动的效果，而下部分不会产生太大的形变，所以需要控制火焰的下部。先右击时间线面板空白处，选择"新建＞纯色"命令，单击 ■ 图标，将"纯色"对话框中B（明度）的数值调整为"50%"，建立一个灰色的纯色图层，如图4-216所示。

图4-216

Step10 目前"灰色 纯色2"图层已经遮盖了下方所有图层。单击选中"灰色 纯色2"图层，然后利用矩形蒙版工具，使用鼠标左键框选灰色图层底部区域，让灰色图层只遮盖火焰的下半部分，如图4-217所示。

图4-217

Step11 此时灰色的边缘是特别实的状态，火焰会产生断层感，我们需要对它进行虚化处理。单击展开"蒙版 1"，将"蒙版羽化"的数值调高。此时可以看到灰色边缘和扰动的火焰产生了柔和过渡的效果，如图4-218所示。

图4-218

Step12 火焰扰动的图层制作完成后，选中"内焰"和"灰色 纯色2"图层，按快捷键Ctrl+Shift+C建立预合成，将"新合成名称"改为"内焰"并选择"将所有属性移动到新合成"选项，最后单击"确定"按钮 确定，如图4-219所示。此图层将作为置换图层使用。

图4-219

Step13 接下来制作火焰的扰动效果，此时需要通过"置换图"效果器来完成。关闭"内焰"图层的"眼睛"图标 ● 。选中"形状图层 1"并重命名为"火焰形状"，在菜单栏选择"效果＞扭曲＞置换图"命令。在"置换图"效果器的"置换图层"的右侧，选择"内焰"图层和"效果和蒙版"。把"最大水平置换"的数值调整为"128"，"最大垂直置换"的数值调整为"0"，因为垂直方向不需要添加扰动效果，如图4-220所示。

图4-220

Step⑭ 单击选择"火焰形状"图层，在菜单栏选择"效果>扭曲>湍流置换"命令。将时间线移动到第一帧，单击激活"偏移（湍流）"属性左侧的"码表"图标 ，然后将时间线移动到最后一帧，将"偏移（湍流）"的y轴数值调整为"-700"左右，让火焰产生扰动效果，如图4-221所示。

图4-221

Step⑮ 接下来制作外焰部分，其制作方法和内焰类似。新建一个纯色图层，将颜色调整为灰色，将"名称"改为"外焰"。单击选中"外焰"图层，添加"分形杂色"效果器，在"变换"属性中取消勾选"统一缩放" 选项，将"缩放宽度"调整为"20"，"缩放高度"调整为"811"。将时间线移动到第一帧，单击激活"偏移（湍流）"属性左侧的"码表"图标 ，再将时间线移到最后一帧，将"偏移（湍流）"属性的y轴数值调整为"-800"左右，现在外焰也扰动起来了，如图4-222所示。

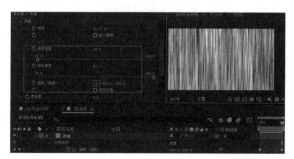

图4-222

Step⑯ 在菜单栏选择"效果>扭曲>湍流置换"命令，将"数量"的数值调整为"29"。将时间线移动到第一帧，单击激活"偏移（湍流）"属性左侧的"码表"图标 ，再将时间线移到最后一帧，将"偏移（湍流）"属性的y轴数值调整为"-1100"左右。现在就制作好了外焰的部分，如图4-223所示。

图4-223

Step⑰ 单击选择"内焰"图层并移动到时间线面板的最下层，如图4-224所示。

图4-224

Step⑱ 右击时间线面板空白处，选择"新建>调整图层"命令，把"调整图层5"放在"外焰"图层的下方，接着选中"调整图层5"，在菜单栏选择"效果>通道>固态层合成"命令，把"颜色"调整为黑色，如图4-225所示。

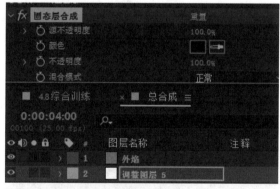

图4-225

> **📝 提示**
>
> 调整图层本身是透明的图层，添加了"固态层合成"效果器并把颜色改为黑色后，由于调整图层的透明特性，黑色是不可见的，但已经被软件记录了。

Step⑲ 在时间线面板中选择"外焰"图层，将混合模式调整为"相乘"，此时外焰效果也会叠加到内焰图层上，如图4-226所示。

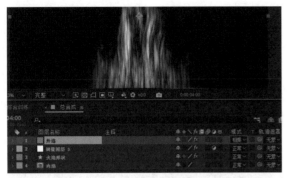

图4-226

Step 20 现在"外焰"和"内焰"图层是重叠的状态，此时只需要利用蒙版工具把外焰的部分勾勒出来即可。先选中"外焰"图层，然后利用矩形蒙版工具 ■，用鼠标左键框选外焰部分，并把"蒙版羽化"属性的数值提高，火焰内部就变成了白色，如图4-227所示。

图4-227

Step 21 如果想让火焰内部产生更多的变化，单击选择"火焰形状"图层，并在菜单栏选择"效果>杂色和颗粒>分形杂色"命令，把"对比度"的数值提高，为画面增加明暗对比。然后找到"分形杂色"效果器中的"变换"属性，取消勾选"统一缩放"选项，调整"缩放宽度"和"缩放高度"。在第一帧单击激活"偏移（湍流）"属性左侧的"码表"图标并记录关键帧，将时间线移动到最后一帧，将"偏移（湍流）"属性的y轴数值调整为"-1000"左右，让火焰内部扰动起来，如图4-228所示。

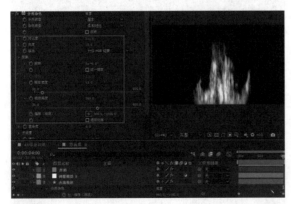

图4-228

Step 22 现在火焰是以黑白颜色进行显示的，需要把火焰调整为偏黄的颜色。先右击时间线面板空白处，选择"新建>调整图层"命令，将新建的调整图层移动到最上层。接着选择"调整图层 6"，在菜单栏选择"效果>颜色校正>曲线"命令，将"RGB"通道中的"曲线"向上拖曳，让火焰整体偏亮，如图4-229所示。

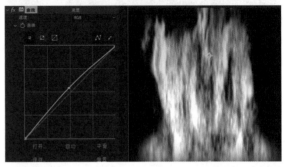

图4-229

Step 23 将"通道"切换成"红色"，将红色曲线往上提，增加画面中的红色。然后将"通道"切换成"蓝色"，把蓝色曲线往下拉，增加画面中的黄色。现在火焰的颜色就调整完毕了，如图4-230所示。

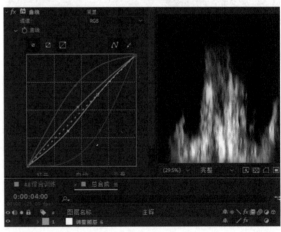

图4-230

Step 24 选中全部图层，按快捷键Ctrl+Shift+C，将"新合成名称"改为"火焰"，然后选择"将所有属性移动到新合成"选项，单击"确定"按钮。

Step 25 单击选中"火焰"预合成，在菜单栏选择"效果>风格化>发光"命令，把"发光"效果器中"发光半径"的数值提高，火焰周围就产生了光晕的效果。到这里火焰效果就制作完毕了，如图4-231所示。

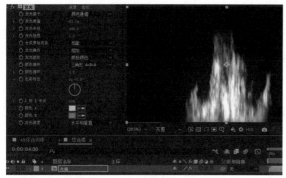

图4-231

Step 26 如果感觉火焰里面的颜色太亮，可以把"发光

强度"的数值降低，然后把"发光阈值"的数值提高一些，如图4-232所示。还可以在"颜色 A"和"颜色 B"中自定义颜色。

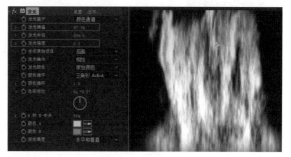

图4-232

4.9　课后练习：模拟海底世界效果

本章的课后练习需要大家模拟海底世界的效果。我们可以通过固定镜头的视频或者图像来完成，课后练习的制作思路如下。

先通过"湍流置换"效果器模拟海底的波动效果，然后通过曲线调整出海底偏蓝且偏暗的环境，接着通过"分形杂色"效果器模拟阳光照射浅海滩产生的波纹网状的光斑。"分形杂色"效果器中有多种类型，可以选择不同的预设来完成。最后通过圆形蒙版工具勾勒出圆形光斑。制作好的海底光斑效果如图4-233所示。

图4-233

影视核心技术：抠像与合成

本章将学习抠像与合成板块相关内容。抠像是特效合成中经常使用的技法，是指把人物或者物品从场景中抠取出来再合成到新的场景中。在 AE 中，抠像的方法非常多，可以分为两大类。第一类是绿幕抠像，需要在拍摄时铺设绿幕，然后完成抠像，抠像工作中经常使用的工具是 Keylight（1.2）效果器。第二类是无绿幕抠像，是指把视频中的人物或者物品直接抠取出来，经常使用的工具是 Roto 笔刷工具，其次是"蒙版"和"轨道遮罩"。

学习资料所在位置	学习资源 \ 第 5 章

5.1 常见的蒙版抠像

AE 中常用的蒙版抠像工具是钢笔和图形工具，这两种工具非常特殊，当不选中任何图层时，使用它们可以绘制路径或形状。选中图层再使用这两种工具时，这两种工具就变成了蒙版工具，并且可以用于抠像。

5.1.1 认识蒙版

1. 绘制蒙版

打开本小节的工程文件，合成中有一段视频，单击选中该视频并利用矩形工具▇在合成面板中进行绘制。绘制的区域内会显示图像，没有绘制的区域不会显示图像。同时，图层属性中会出现"蒙版 1"，如图 5-1 所示。

图5-1

在一个图层上可以绘制多个蒙版。再次利用矩形工具▇进行绘制，图层属性中会出现"蒙版 2"，如图 5-2 所示。可以使用这种方法在图层上继续添加多个蒙版。

图5-2

当选中某个蒙版属性时，合成面板会显示蒙版边缘的颜色。单击蒙版属性左侧的颜色图标▇ 蒙版 1，可以修改合成面板中蒙版边缘的颜色。此时切换为红色，以便观察，如图 5-3 所示。

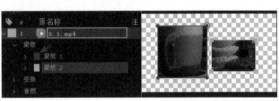

图5-3

使用选取工具可以在合成面板双击蒙版边缘，对蒙版进行移动，当两个蒙版区域重合时，可以看到完整的画面，如图 5-4 所示。

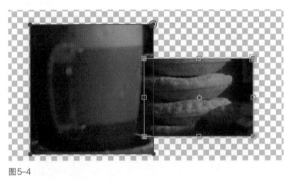

图5-4

2. 蒙版属性面板

在蒙版属性右侧有两个选项，分别是"蒙版模式"和"反转"。

蒙版模式

相加：默认为"相加"模式，当使用蒙版工具进行绘制时，只保留绘制的区域。

相减：不显示绘制的区域，而显示不绘制的区域，类似在图像中剪去一块图像。

交集：当有两个蒙版重合时，会显示两个蒙版相交的部分。

"相加""相减"和"交集"模式的效果如图5-5所示。

图5-5

➡ **反转**：勾选"反转"选项后，不会显示绘制区域的内容，只显示其他区域的内容，如图5-6所示。

图5-6

删除"蒙版 2"，保留"蒙版 1"。单击展开"蒙版 1"的属性，属性中有"蒙版路径""蒙版羽化""蒙版不透明度"和"蒙版扩展"选项。

➡ **蒙版路径**：对应绘制区域的四个点，可以移动这四个点来控制蒙版的显示区域，如图5-7所示。

图5-7

➡ **蒙版羽化**：可以控制蒙版边缘的虚化程度，数值越大虚化越强，如图5-8所示。

图5-8

➡ **蒙版不透明度**：可控制单个蒙版的不透明度，如图5-9所示。如果有多个蒙版，可分别设置此属性。

图5-9

➡ **蒙版扩展**：可调整蒙版向内收缩或向外扩展。数值越大，蒙版会逐渐向外扩展；数值越小，蒙版会逐渐向内收缩，如图5-10所示。

图5-10

蒙版工具中有矩形、圆形等特定形状，如果想利用蒙版抠取不规则的物体，就需要通过钢笔工具进行绘制。图形工具和钢笔工具的功能是一样的。

5.1.2　制作蒙版路径

接下来利用钢笔工具把视频画面中的杯子抠取出来。

Step**01** 删除图层中的所有蒙版。

Step**02** 勾勒杯子的外形。单击选择图层，然后使用钢笔工具 在杯子上部的边缘单击绘制第一个点。如果想以直线绘制，可以继续单击绘制；如果想以弧线绘制，当单击第二个点时，需要按住鼠标左键不放并拖动鼠标就可以让路径产生弧度，如图5-11所示。

图5-11

Step**03** 再次沿着杯子的边缘进行绘制。当绘制一段路径后发现添加的点不能绘制出杯子的具体形态，可以把鼠标指针放在绘制好的路径上，钢笔工具右侧会出现一个"+" ，单击边缘线可以添加绘制点，如图5-12所示。如果想把多余的绘制点删除，按住Ctrl键，然后单击想取消的绘制点即可。

图5-12

Step04 在路径中添加绘制点后，如果想从最后一个绘制点接着绘制，需要单击一下最后一个绘制点。

Step05 利用钢笔工具继续添加绘制点，直到路径闭合，如图5-13所示。

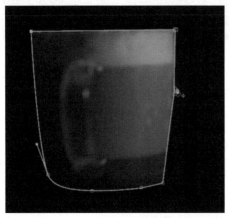

图5-13

Step06 如果想把绘制好的路径变成可调节弧度的贝塞尔曲线，只需要按住Alt键并单击一下绘制点即可。使用此方法可以让钢笔工具绘制的路径贴合杯子的边缘，如图5-14所示。

图5-14

> **提示**
>
> 将鼠标指针放在路径上，用钢笔工具单击可以添加绘制点，按住Ctrl键并单击绘制点可以将其删除，按住Alt键并单击绘制点可以将路径转换成贝塞尔曲线。

Step07 由于视频是运动的，如果想把杯子完美地抠出来，需要为蒙版路径添加关键帧。将时间线移动到第

0帧，然后单击激活"蒙版路径"属性左侧的"码表"图标 ，如图5-15所示。

图5-15

Step08 将时间线移动到第1秒，然后使用选取工具双击蒙版路径，就可以整体移动蒙版路径，如图5-16所示。

图5-16

Step09 将时间线移动到第2秒，然后对蒙版路径进行微调，让路径匹配整个杯子的边缘，每一个绘制点都需要简单地匹配一下，避免抠像完成后杯子缺少一部分，如图5-17所示。

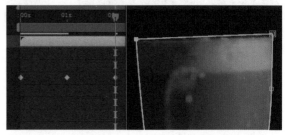

图5-17

> **提示**
>
> 如果移动某一个绘制点时，发现整个路径是一起移动的，可以把鼠标指针放在路径上并单击添加一个绘制点，按住Ctrl键并单击该绘制点，将其删除。此时就可以移动单个绘制点了。

Step10 需要注意的是，在调整关键帧时不需要逐帧调整，看到蒙版偏移特别大时才需要制作关键帧，如图5-18所示。

图5-18

5.2 轨道遮罩和不规则形状抠像

上一节讲解了蒙版抠像，在一定程度上，利用蒙版抠像都是针对比较规则的物体。如果需要对复杂且不规则的物体进行抠像，就需要使用"轨道遮罩"来完成。"轨道遮罩"是利用Alpha信息或亮度信息来完成抠像的。

5.2.1　轨道遮罩

在 AE 中，一个图层就会占一个轨道。如果想使用"轨道遮罩"，时间线面板中至少要有两个图层。单击时间线面板左下角的"转换控制"图标 ，调出"轨道遮罩"，如图 5-19 所示。

图 5-19

创建文本图层并输入"AE"字符，然后通过对齐工具将文字居中对齐至合成，如图 5-20 所示。

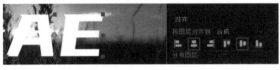

图 5-20

目前有两个图层，第一个是文本图层，第二个是视频图层。"轨道遮罩"的定义是通过当前图层（被选中的图层）上方图层的 Alpha 信息或者亮度信息来显示下方图层的画面内容。仔细看文本图层右上方的两个图标，单击第一个图标 可以切换"Alpha"通道或亮度通道，第二个是"反转遮罩"图标 ，如图 5-21 所示。

图 5-21

5.2.2　Alpha 遮罩

Alpha 信息代表图像或者视频带有透明通道。单击文本图层，进行独显操作。单击显示通道图标 ，选择"Alpha"，此时 AE 文本图层的 Alpha 信息以黑白颜色进行显示，黑色部分为透明信息，白色部分为显示信息，如图 5-22 所示。所以，AE 文本图层即使处于视频图层上方，我们也能够看到下方视频的部分信息。

图 5-22

换另外一个素材举例。新建一个纯色图层，在该图层上添加"分形杂色"效果器，由于该图层不具备透明信息，所以遮盖住了下方的所有图层。当切换为 Alpha 显示模式时，纯色图层的 Alpha 信息自然显示为纯白色，如图 5-23 所示。

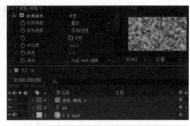

图 5-23

现在已经明确"AE"文本图层带有 Alpha 信息。在"5.2"视频图层右侧的"轨道遮罩"选项中选择"AE"文本图层，然后"AE"的文字轮廓内就会显示下层的"5.2"视频图层，如图 5-24 所示。

图 5-24

将鼠标指针放置在"5.2"图层右侧的"切换通道"图标 上，会提示该图层"已选择 Alpha 遮罩。单击以切换到亮度遮罩。"，如图 5-25 所示。

图 5-25

此时两个图层名称左侧的图标也发生了变化，表明这两个图层是通过"轨道遮罩"来完成显示的，如图 5-26 所示。

图 5-26

在"切换通道"图标的右侧有一个"反转遮罩"图标 。单击激活"反转遮罩"图标后，"AE"文字内不会显示下方图层的内容，而"AE"文字外部会显示下方图层的内容，如图 5-27 所示。

图5-27

5.2.3 亮度遮罩

"亮度遮罩"是通过黑白灰关系来显示下方图层的。将文本图层删除，右击时间线面板空白处，然后选择"新建 > 纯色"命令，新建一个纯色图层，如图5-28所示。

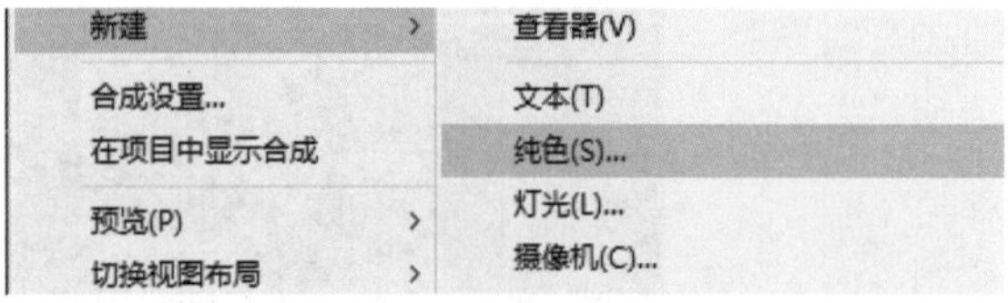

图5-28

单击选中纯色图层，在菜单栏选择"效果 > 生成 > 梯度渐变"命令。现在合成面板中有一个黑白渐变的图层，此图层包含了黑色、灰色和白色。黑色代表不显示，灰色代表半透明显示，白色代表全部显示，如图5-29所示。

图5-29

在时间线面板单击选中"5.2"视频图层，在"轨道遮罩"选项中选择"黑色 纯色 1"图层，如图5-30所示。

图5-30

单击"切换通道"图标■，将"Alpha遮罩"切换

成"亮度遮罩"图，如图5-31所示。

图5-31

> **提示**
>
> 如果图像或视频本身没有Alpha信息，在轨道遮罩中又选择了"Alpha遮罩"，图像或视频不会产生任何变化。所以Alpha素材必须选择"Alpha遮罩"，带有亮度信息的素材必须选择"亮度遮罩"。

单击激活"切换透明网格"图标■后，纯色图层的上部分是完全透明的状态，而灰色部分是半透明的状态，下边白色部分则是显示的状态。图像是根据上方纯色图层的渐变来显示下方图层的内容，如图5-32所示。

图5-32

单击"反转遮罩"图标■切换遮罩模式后，透明效果会反方向显示图像，如图5-33所示。

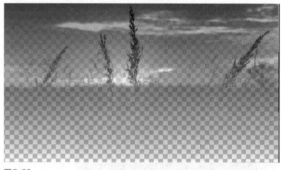

图5-33

> **提示**
>
> 这就是"轨道遮罩"中的"Alpha遮罩"和"亮度遮罩"的使用方法。自定义Alpha图像的内容以及亮度信息，可以完成很多不规则抠像效果。

5.3 绿幕抠像

绿幕抠像是影视后期制作中经常使用的抠像手法，通过铺设绿布可以高效地完成任何抠像，抠像的视频可以用于特效合成。

5.3.1 使用Keylight（1.2）效果器

在AE中使用频率极高的绿幕抠像效果器是Keylight（1.2），使用这个工具可以快速地清除绿色。

在本小节的工程文件中，有一个屏幕为绿色的手机，如果想把绿色去掉并换成其他的视频内容，就需要使用Keylight（1.2）效果器进行抠像处理。

1. 添加效果器

单击选中素材，然后在菜单栏选择"效果 > Keying > Keylight（1.2）"，如图5-34所示。

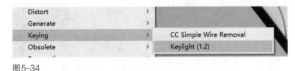

图5-34

2. 调整属性面板

"Keylight（1.2）"效果器是一个全英文的插件，但是能用到的参数比较少，抠像操作的具体步骤如下。

"Screen Colour"指屏幕颜色。单击"吸管"图标■后吸取画面中的绿色，吸取后图像中的大部分绿色就被消除了，如图5-35所示。

图5-35

消除绿色后，肉眼可能看不见绿色了，但是不代表把绿色完全去除了。此时需要切换到预览模式观察，将"View（预览）"模式切换成"Screen Matte（屏幕蒙版）"。切换模式后，可以看到手机屏幕内部有噪点，如图5-36所示。黑色部分是需要完全去除的，而白色部分是需要显示的。现在黑色中还有其他杂色，需要处理干净。

图5-36

接下来需要对蒙版进行调整，因为黑色是需要去除的部分，白色是需要保留的部分，调整蒙版的目的是让黑色更黑，白色更白。

单击展开"Screen Matte（屏幕蒙版）"<code>Screen Matte</code>属性，可以在此处调整蒙版的颜色。调整"Clip Black（修剪黑色）"和"Clip White（修剪白色）"两个属性的数值，可以对黑色和白色进行修剪，让黑色更黑，白色更白，如图5-37所示。

图5-37

调整完毕后在"View（预览）"模式中选择"Final Result（最终结果）"模式。此时屏幕中的绿色就去除完毕了，如图5-38所示。

图5-38

单击项目面板中的"bg"背景素材并拖入时间线面板的最下层，然后对"bg"图层进行"缩放""旋转""移动"等操作以匹配屏幕，如图5-39所示。

图5-39

5.3.2 修复抠像细节

当处理一些人物抠像时，由于人物的衣服或头发都有很多细节，就需要对抠像结果进行修复。本小节将学习如何修复人像抠除的细节。

单击选中图层，在菜单栏选择"效果 > Keying > Keylight（1.2）"命令，然后单击"吸管"图标■后吸取画面中的绿色，将"View（预览）"模式切换成"Screen Matte（屏幕蒙版）"，便于观察。白色的区域是要保留的部分，而黑色的区域是要去除的部分，如图5-40所示。

图5-40

单击展开"Screen Matte（屏幕蒙版）" 属性，调整"Clip Black（修剪黑色）"和"Clip White（修剪白色）"的数值。在调整这两个属性的数值时一定要看着合成面板的画面进行调整。先提高黑色的数值，黑色会逐渐变得更黑；然后降低白色，白色就会更白。最后调至白色的区域中没有了灰色，黑色的区域中没有白色，如图5-41所示。

图5-41

将"View（预览）"模式切换成"Final Result（最终效果）"后，发现人物的边缘还有一些杂色，此时就没有办法使用最终结果来完成抠像，如图5-42所示。

图5-42

将"View（预览）"模式切换成"Intermediate Result（中间结果）"。中间结果可以保留完整的人物边缘，但是人物的边缘甚至人物的脸部会产生一些绿色，如图5-43所示。

图5-43

接下来需要对这些绿色进行修复。单击选中素材，然后在菜单栏选择"效果 > 抠像 > Advanced Spill Suppressor（高级溢出抑制器）"命令，接着会看见人物边缘的绿色消失了，如图5-44所示。

图5-44

> 📝 **提示**
>
> 在为人物抠像时，预览模式一般选择"Intermediate Result（中间结果）"，这种模式可以完整且有效地保留人物边缘。但是由于人物受到绿布的影响会有绿色溢出，此时可以使用"Advanced Spill Suppressor（高级溢出抑制器）"来消除绿色。

播放视频后，人物边缘会有一些闪烁。单击选中图层，然后在菜单栏选择"效果 > 抠像 > Key Cleaner（清除键）"命令，接着在 Key Cleaner 效果器中勾选"减少震颤"选项。此时人物边缘的抖动会有所减小，边缘线也会更加干净，如图5-45所示。

图5-45

抠像流程总结

使用Keylight（1.2）抠出人物后，将"View（预览）"模式切换成"Intermediate Result（中间结果）"再添加"Advanced Spill Suppressor（高级溢出抑制器）"就能消除绿色。如果发现人物边缘有颤动，可以添加"Key Cleaner（清除键）"并勾选"减少震颤"选项，完成最终的抠像。

5.3.3　实例：绿幕抠像与背景合成

上一小节已经完成了人物抠像，本小节将完成背景的合成。在添加背景时，注意人物和背景的光线要匹配，需要统一人物和背景的光线方向。

Step01 在项目面板中将背景素材拖曳到图层最下方，并旋转90度，匹配竖屏模式，如图5-46所示。

图5-46

Step02 人物受到的光线是从右上方投射到左下方的，而背景与其不符。单击选中"bg"背景图层，将图像左侧中间的调整点向右侧拖曳，直到图像左右翻转，达到光源方向和人物的受光方向匹配，如图5-47和图5-48所示。

图5-47　　　　　图5-48

Step03 现在背景和人物都比较清晰，并且没有景深关系，下面需要对背景进行处理。单击选中"bg"背景图层，然后在菜单栏选择"效果 > 模糊和锐化 > 快速方框模糊"命令，将"模糊半径"的数值提高，让背景和人物分开，如图5-49所示。

图5-49

Step04 拍摄视频时，如果阳光充足，人物的轮廓由于光源照射会产生亮边，因此需要处理这些高亮的边缘。先单击选中人物图层，按快捷键Ctrl+D复制一个图层。然后选中序号为"2"的人物图层，按快捷键Ctrl+Shift+C制作预合成并命名为"轮廓光"，如图5-50所示。

图5-50

Step05 单击选中"轮廓光"预合成，在菜单栏选择"效果 > 模糊 > 快速方框模糊"命令，提高"模糊半径"的数值，人物边缘就会产生光照效果，如图5-51所示。

图5-51

Step06 如果觉得人物的边缘不够亮，可以单击选中"轮廓光"预合成，在菜单栏选择"效果 > 颜色校正 > 曲线"命令，将"RGB"的曲线向上提，使图像整体融合的效果更佳，如图5-52所示。

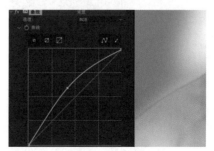

图5-52

Step07 合成已基本完成，当时间线移动时，人物与背景的融合效果较好。

5.4 无绿幕抠像

在后期制作中会遇到很多没有通过绿幕拍摄的素材，但需要将其进行抠像处理，这时就需要用到AE强大的"Roto"功能。在AE 2024中，Roto笔刷已经更新到了3.0版本，此版本增加了可以让抠像更加流畅和快捷的AI算法。

5.4.1 使用Roto笔刷工具

在使用Roto笔刷工具抠像时，首先要确保已经开启了"完整"分辨率选项，如果在低分辨率下进行抠像，很有可能会导致抠像结果变差，如图5-53所示。

图5-53

用Roto笔刷工具抠像只能在图层面板中完成。双击合成面板中的素材进入该视频的图层面板，单击工具栏中的"Roto笔刷工具"图标，鼠标指针会在合成面板中变成绿色圆圈，如图5-54所示。

图5-54

按住Ctrl键并滑动鼠标中间的滚轮，可调整笔刷的大小，要根据抠出的人物区域来调整笔刷的大小。拖动鼠标涂抹要抠出的人物，软件会自动勾勒出人物边缘，如图5-55所示。

图5-55

当绘制边缘超出人物边缘时，按住Alt键，鼠标指针会变为红圈减号，然后拖动鼠标进行涂抹，删除超出人物边缘的区域，如图5-56所示。

图5-56

> **提示**
>
> 如果超出边缘的范围很小，需要把笔刷调小一点，然后删除多余的区域。

利用上述的操作方法在第一帧把人物全部抠取出来，如果人物的头发茂密，需要使用"调整边缘工具"对头发部分进行涂抹。长按"Roto笔刷工具"图标，并选择"调整边缘工具"，然后对头发边缘进行涂抹，此时头发的细节会有所保留，如图5-57所示。

图5-57

接下来按空格键播放视频，软件会自动完成抠像。绿色区域代表抠取完成，如图5-58所示。

图5-58

在抠取人像的过程中，不要完全依赖软件自动分析，如果视频内容复杂，可能有些部分会少抠取或者多抠取。此时就需要按空格键暂停视频，把多出来的画面或者缺少的画面手动进行调整，再按空格键播放视频，让软件自动分析。重复上述步骤，直到人像抠取完毕。

人物抠取完成后，返回合成面板，可以看到整个人物及头发都清晰可见，如图5-59所示。

图5-59

5.4.2　"Roto笔刷和调整边缘"效果器

抠像完成后可以在"Roto笔刷和调整边缘"效果器中对抠像结果进行调整。

➡ **版本**：目前使用的是3.0版本，只有AE 2024中更新了此版本，该版本使用了AI抠像模型，使抠像更加快速准确，如图5-60所示。

图5-60

➡ **Roto笔刷遮罩**

羽化 ：默认的数值是"5"，数值越高，图像的边缘越柔和。通常数值在"5"到"8"之间即可。

减少震颤 ：在抠像时，如果边缘抖动严重，可以提高"减少震颤"的数值。在3.0版本下，通常很少调整这个数值。如果遇到抠像边缘抖动问题，可以适当提高此数值。

➡ **调整边缘遮罩**

此功能用于处理头发部分，与"Roto笔刷遮罩"中的参数相似。

➡ **净化边缘颜色** ：在使用Roto笔刷工具抠像时，人物边缘可能会保留外部环境的颜色。此时可以使用"净化边缘颜色"功能，减少外部颜色对人物的影响。

5.5　综合训练：制作虚拟空间实景合成效果

本节将制作虚拟空间实景合成效果，通过抠像把实拍的真人视频合成到外太空背景中。通过本案例能巩固之前学习的知识。

Step 01 在项目面板中找到名称为"5.5"的人物素材，将它拖曳到项目面板下方的"合成"图标 上，建立一个新的合成，如图5-61所示。

图5-61

Step 02 单击选择视频图层，然后使用钢笔工具勾勒出人物部分。在路径闭合后一定要拖曳时间线进行观察，不要让人物移出钢笔工具绘制区域，一旦路径没有包

裹住人物，就需要调整路径，直到路径完全包裹住人物，如图5-62所示。

图5-62

Step 03 单击选中图层，在菜单栏选择"效果 > Keying > Keylight（1.2）"命令，给图层添加抠像效果器。然后单击"吸管"图标 ，用吸管吸取画面中的绿色，如图5-63所示。

图5-63

Step04 将"View（预览）"模式切换成"Screen Matte（屏幕蒙版）"，然后单击展开"Screen Matte（屏幕蒙版）"属性，调整"Clip Black（修剪黑色）"和"Clip White（修剪白色）"的数值，使黑色更黑，白色更白，如图5-64所示。

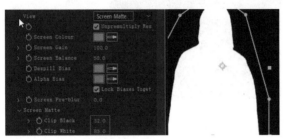

图5-64

Step05 接下来找到"Screen Pre-blur（屏幕预模糊）"属性，将数值调整为"0.5"。这样蒙版边缘和人物的白色区域会预模糊一下，可以有效减少噪点并且在合成时更好地融入场景，如图5-65所示。

图5-65

Step06 将"Keylight（1.2）"效果器的预览方式改为"Intermediate Result（中间结果）"，然后会发现人物偏绿。接着在菜单栏选择"效果 > 抠像 > Advanced Spill Suppressor（高级溢出抑制器）"命令，将绿色消除，如图5-66所示。

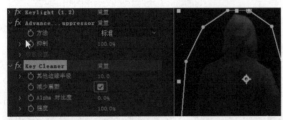

图5-66

Step07 在菜单栏选择"效果 > 抠像 > Key Cleaner（清除键）"命令，勾选"减少震颤"选项，如图5-67所示。

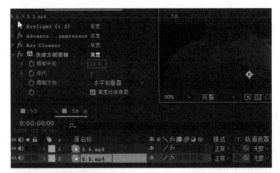

图5-67

Step08 单击选中"5.5"视频图层并按快捷键Ctrl+D复

制一个图层。单击选中下方的图层，在菜单栏选择"效果 > 模糊和锐化 > 快速方框模糊"，将"模糊半径"的数值调整为"12"左右，可以让人物边缘产生柔和的效果，如图5-68所示。

图5-68

Step09 选中两个视频素材图层，按快捷键Ctrl+Shift+C新建预合成，并将"新合成名称"改为"人物"，如图5-69所示。

图5-69

Step10 在项目面板中将"飞船"素材拖曳到人物图层下方，分别调整"人物"和"飞船"图层的"缩放"和"位置"属性的数值，让"人物"和"飞船"两个图像进行组合，达到比例适中，如图5-70所示。

图5-70

Step11 在项目面板中将"科幻背景"素材拖曳到图层最下方，单击选中"科幻背景"图层，在菜单栏选择"效果 > 扭曲 > 湍流置换"命令。然后按住Alt键并单击"演化"属性左侧的"码表"图标，在表达式输入框中输入"time*30"，让科幻背景运动起来，如图5-71所示。

图5-71

Step⓬ 将"星星"素材拖曳到"飞船"图层的下方，将"缩放"的数值调整小，以匹配飞船窗户的大小，然后将"星星"图层的混合模式切换为"屏幕"，过滤掉黑色，如图5-72所示。

图5-72

Step⓭ 将"地球"素材拖曳到"飞船"图层的下方，调整图层的"缩放""旋转""位置"等数值，让"地球"在飞船窗户的左侧位置，如图5-73所示。

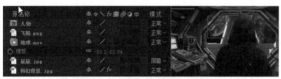

图5-73

Step⓮ 将"多块陨石旋转"素材拖曳到"飞船"图层的下方，将"缩放"的数值调整为"55"左右，让陨石匹配飞船窗口的大小，如图5-74所示。

图5-74

Step⓯ 将"hud"边框素材拖曳到"人物"图层的下方，将"缩放"的数值调整为"52"左右，制作科技窗口效果，如图5-75所示。

图5-75

Step⓰ 单击选中"hud"素材，在菜单栏选择"效果 > 生成 > 填充"命令，将"填充"效果器的"颜色"改为青蓝色，增加科技感。在菜单栏选择"效果 > 风格化 > 发光"命令，将"发光半径"的数值提高，让"hud"图像产生发光效果，如图5-76所示。

Step⓱ 处理前后景深关系，先对背景进行模糊处理。右击时间线面板空白处，选择"新建 > 调整图层"命令，将新建的调整图层移动到"飞船"图层的下方，然后在

菜单栏选择"效果 > 模糊和锐化 > 快速方框模糊"命令，将"模糊半径"的数值调整为"1"，如图5-77所示。

图5-76

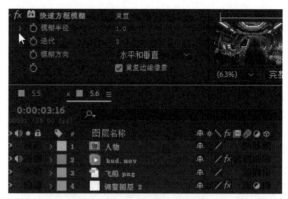

图5-77

> **📝 提示**
>
> 　　现在基本场景已经搭建完毕，需要对颜色进行处理。由于太空的背景偏紫色，所以窗户外的陨石也应该偏紫色。

Step⓲ 单击选中"多块陨石旋转"图层，在菜单栏选择"效果 > 颜色校正 > 曲线"命令，将"曲线"效果器的"通道"切换为"蓝色"。然后将蓝色曲线向上提，增加画面中的蓝色。接着将"通道"切换为"红色"，增加画面中的红色，完成画面的调色，如图5-78所示。

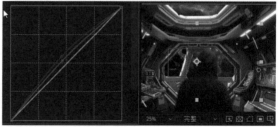

图5-78

Step⓳ 目前飞船外的陨石还是太过清晰，需要给陨石再次添加模糊效果。在菜单栏选择"效果 > 模糊和锐化 > 快速方框模糊"命令，将"模糊半径"的数值调整为"5"，让图像的前景和背景产生分离，增加景深效果，如图5-79所示。

图5-79

Step20 调整人物的颜色，让人物和飞船更加匹配。单击选中"人物"图层，在菜单栏选择"效果 > 颜色校正 > 曲线"命令。然后在"RGB"通道下，在曲线中间添加一个点，接着在曲线的上部和下部分别添加一个点，将曲线拖曳成S形，提高亮部并降低暗部，这样就可以增加人物的对比度，如图5-80所示。

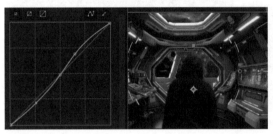

图5-80

Step21 切换到"蓝色"通道，将蓝色曲线向上提，增加画面中的蓝色。然后切换到"红色"通道，增加画面的红色，完成调色，如图5-81所示。

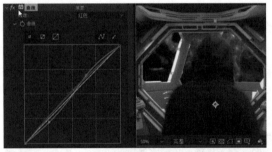

图5-81

Step22 单击选中"人物"图层，在菜单栏选择"效果 > 模糊和锐化 > 钝化蒙版"命令，将"数量"属性的数值调整为"70"左右，让图像中的人物显得更加清晰锐

利，如图5-82所示。

图5-82

Step23 目前人物的颜色已经调整完毕。框选所有图层，按快捷键Ctrl+Shift+C制作预合成，并将"新合成名称"改为"抖动"，制作飞船晃动的效果，如图5-83所示。

图5-83

Step24 单击展开"抖动"预合成的"变换"属性，按住Alt键并单击"位置"左侧的"码表"图标，在表达式输入框中输入"wiggle（3,5）"，让画面抖动起来。由于添加了"抖动"预合成表达式，画面会出现黑边，此时只需要把"缩放"的数值调大一些，比如调整为"102"，就可以消除黑边，如图5-84所示。

图5-84

> **📝 提示**
>
> 　　至此，整个案例制作完毕。要注意所有属性的数值都不是固定的，可根据实际情况调整这些属性的数值，切勿死记硬背。

5.6　课后练习：实拍绿幕人物完成实景合成效果

　　经过本章的学习，相信大家对抠像与合成有了一定的了解，课后需要完成以下练习。

　　拍摄一段素材，素材中须包含人物，有条件的同学可以使用绿幕拍摄。通过Roto笔刷工具或者Keylight（1.2）效果器完成人物抠像，然后将抠好的人物合成到新的场景中。

颜控：视频调色原理与实战

本章将进入全新板块的学习。在视频制作中，调色是一个必不可少的环节，要调出好看的色彩，不仅要系统地学习色彩知识，还要对调色工具有深入的了解。在 AE 的"颜色校正"中，有非常多的调色工具，掌握色彩原理后会发现，这些调色工具的使用方法基本相通，可以灵活运用。

学习资料所在位置	学习资源 \ 第 6 章

6.1 色彩理论和调色基础知识

本节将系统学习色彩理论知识。掌握了这些基础知识，就能轻松掌握调色的技巧及调色工具的运用方法。

6.1.1 光的三原色

光的三原色分别是红（Red）、绿（Green）、蓝（Blue）。RGB 颜色模式是一种加色模式。将 RGB 三原色的色光以不同的比例相加，可以产生多种多样的色光。红、绿、蓝每种颜色都有 256 个亮度阶，强度值从 0 到 255。0 表示该颜色通道完全关闭（无光），255 表示颜色通道完全打开（最亮）。所以显示器、投影仪等滤光设备都依赖于加色模式，这也是很多后期软件中常用的颜色模式，如图 6-1 所示。

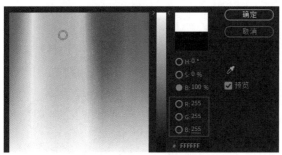

图6-1

6.1.2 认识颜色的三个属性

除了 RGB 颜色模式，还有一种在后期软件中常见的 HSB 颜色模式，这种颜色模式用色相（Hue）、饱和度（Saturation）以及明度（Brightness）来展示色彩。

1. 色相

在 0~360 度的标准色轮上，色相是按位置度量的。在使用时，色相是由颜色名称标识的，比如红色色相、绿色色相或黄色色相。是什么颜色就是什么色相，如图 6-2 所示。

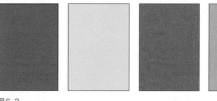

图6-2

2. 饱和度

饱和度是指颜色的鲜艳程度，如图 6-3 所示。它表示色相中彩色成分所占的比例，用从 0%（灰色）到 100%（完全饱和）来度量。

图6-3

3. 明度

明度是指颜色的明暗程度，通常用从 0%（黑色）到 100%（白色）来度量，如图 6-4 所示。

图6-4

有彩色包含色相、饱和度、明度三个属性，这三个属性相互配合，如图6-5所示。

图6-5

6.1.3 高光、阴影、中间调、色温

光源照射物体会产生影调的分区，具体分为三大调，分别是高光区域、阴影区域和中间调区域。在AE中调色时，也需要对这些局部区域进行控制，甚至可以更改部分区域的颜色。

1. 高光

光源直射面被称为高光区域，由于物体的材质不同，有的材质边缘甚至会产生高亮。

2. 阴影

光源照射不到的面被称为阴影区域，这一区域的部分细节仍会保留。

3. 中间调

中间调不是阴影或高光，而是画面的平均亮度。

高光区域、阴影区域和中间调区域的示意如图6-6所示。

图6-6

4. 色温

除了高光、阴影、中间调，在AE中还有一个常见的参数，即色温。站在物理学角度，色温是表示光线

中包含颜色成分的一个计量单位。黑体在受热后，逐渐由黑变红，再转黄，再发白，最后发出蓝色光。当加热到一定的温度，黑体发出的光所含的光谱成分被称为这一温度下的色温，计量单位为"K（开尔文）"。

而在后期软件中，色温是指色彩的冷暖倾向。倾向于蓝色的颜色被称为冷色调，倾向于橙色的颜色被称为暖色调，如图6-7所示。

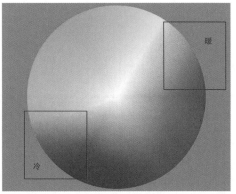

图6-7

6.1.4 互补色调色原理解析

上文学习了颜色是由R、G、B三种原色组成的，并且RGB颜色模式还是一种加色模式，也就是说颜色相加可以得出新的色彩，如图6-8所示。

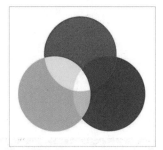

图6-8

红色加绿色产生了黄色，红色加蓝色产生了洋红色，蓝色加绿色产生了青色。这些通过两两相加得出的颜色被称为"补色"，也叫作"间色"。

由此可以得出红、绿、蓝三种原色对应的补色为青（青色）、品（洋红色）、黄（黄色），如图6-9所示。

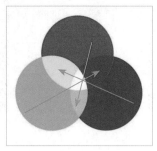

图6-9

> **✍ 提示**
>
> 这就是互补色的调色原理，补色图一定要熟记于心，在调色的过程中会经常用到。

6.2 用曲线加深理解互补色调色原理

本节将使用"曲线"效果器对互补色调色知识进行巩固，后期调色中会经常使用"曲线"效果器，它可以非常直观地展现互补色调色的过程。

6.2.1 添加"曲线"效果器

打开本节的工程文件，单击选中"风景"图层，在菜单栏选择"效果 > 颜色校正 > 曲线"命令，如图6-10所示。"颜色校正"里的选项都是用于调色的，大部分功能基本相似。本章会讲解常用的"颜色校正"功能。

图6-10

6.2.2 曲线属性面板

"曲线"效果器中有不同的通道，其中包含"RGB""红色""绿色""蓝色"和"Alpha"五个选项。当需要调整视频中的某个通道的颜色时，就可以在此处切换选项，如图6-11所示。

图6-11

1. RGB通道

RGB通道的曲线表示最终看到的画面的亮度信息。

在RGB曲线中间的位置单击一个点，以这个点为分界线，线段的下部分是画面中偏暗的颜色，上部分是画面中偏亮的颜色。然后在偏暗的线段中间处再加一个点，把暗部又分为两个部分，最下边的部分是画面中最暗的部分，另一部分是画面中较暗的部分。

在亮部同样可以细分，最上面的部分是画面中最亮的部分，另一部分则是画面中较亮的部分，如图6-12所示。

有一个调色名词叫作对比度。把亮部向上提，画面中亮的部分更亮了；把暗部向下拉，画面中暗的部分更暗了，这就是对比度。当画面偏灰时，可以用这种方法完成对比度调节，如图6-13所示。

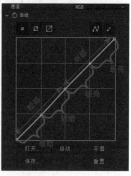

图6-12

图6-13

接下来讲解RGB通道曲线的另一种使用方法。先单击"重置"，然后将曲线往上提，画面会整体变亮，将曲线往下拉，画面会整体变暗，如图6-14所示。

图6-14

通过曲线还可以裁切画面明暗区域。把RGB曲线右上角的点往下拖，画面中特别亮的部分会逐渐变暗。同样的道理，把RGB曲线左下角的点向右侧拖曳，画面的暗部也会变得更暗，如图6-15所示。

如果想让画面的亮部和暗部进行反转，就要调换这条曲线的方向，这样画面中亮的部分会变暗，而暗的部分会变亮，如图6-16所示。但通常情况下不会这样调整画面。

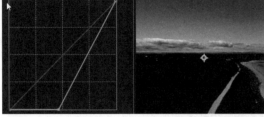

图6-15

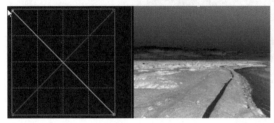

图6-16

2. 红色通道

切换成"红色"通道后，把曲线向上提，画面会增加红色；把曲线向下拉，画面会增加青色。红色的互补色是青色，这就是互补色的调色原理，如图6-17所示。

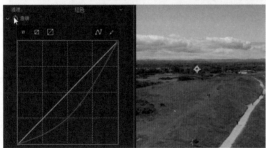

图6-17

> **提示**
>
> 把红色曲线向上提后，红色曲线下方会露出一条青色的曲线。其实软件已经标识好了，红色的互补色是青色，在其他通道中也是一样的展示效果。

3. 绿色通道

切换成"绿色"通道，把曲线向上提，画面会增加绿色；把曲线向下拉，画面会增加洋红色，如图6-18所示。

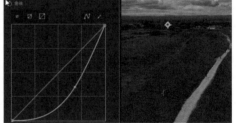

图6-18

4. 蓝色通道

切换成"蓝色"通道，把曲线向上提，画面增加蓝色；把曲线向下拉，画面会增加黄色，如图6-19所示。

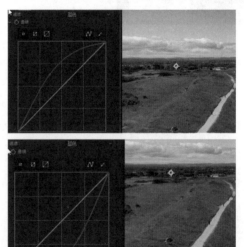

图6-19

6.2.3　曲线调色原理

前文中制作过金属文字，并用"红色"通道和"蓝色"通道调整了金属文字的效果。为了方便学习，可以把互补色图像放在合成面板中，在调整的时候会更加清晰明了。

先切换到"红色"通道，将红色曲线往上提。再切换到"绿色"通道，将绿色曲线往上提。因为红色加绿色就是黄色，所以画面就会增加黄色，如图6-20所示。同样，想增加青色，可以切换到"绿色"通道和"蓝色"通道，通过上提曲线来完成。

图6-20

> **📝 提示**
>
> 在初学调色时，把互补色参考图放在画面中，可以快速得知红、绿、蓝的加色和补色。

6.3　强大的 Lumetri 颜色调色工具

"Lumetri颜色"是一款综合的调色工具，它包含了很多功能，学好了"Lumetri颜色"调色工具，就能掌握"颜色校正"中的大部分工具。

6.3.1　添加效果器

单击选中视频图层，在菜单栏选择"效果 > 颜色校正 > Lumetri颜色"命令。"Lumetri颜色"效果器的面板中包含"基本校正""创意""曲线""色轮""HSL次要"等功能，这些功能对应不同的调色方法，如图6-21所示。

图6-21

6.3.2　属性面板

1. 基本校正

单击展开"基本校正"属性，并展开"颜色"属性和"轻"属性，如图6-22所示。

➡ **颜色**

白平衡：用来控制画面中的颜色信息。如果画面偏色，可以单击"白

图6-22

平衡"后面的"吸管"图标，再单击吸取画面中的白色，软件就会自动校准颜色。

色温：单击展开"色温"属性，可以看到一个滑块，往左拖曳滑块，会使画面变蓝；往右拖曳滑块，会使画面变黄，如图6-23所示。

图6-23

色调："色调"和"色温"有些相似，把"色调"的数值调整为负值，画面会变绿；调整为正值，画面会变红，如图6-24所示。

图6-24

在拍摄时，画面主要分为偏蓝、偏黄、偏绿和偏红四种情况。通过调整"色温"和"色调"的数值，可以校准整个画面的颜色。如果画面偏蓝或偏黄，可以通过"色温"校准，如果偏绿或偏红，可以通过"色调"校准。

饱和度：代表画面的鲜艳程度。将"饱和度"的数值降为"0"时，画面中的所有颜色会消失，变成黑白质感。提高"饱和度"的数值，画面中的颜色会变得鲜艳。

➡ **轻**

曝光度：代表画面的明暗程度。降低"曝光度"的数值会使画面变暗，提高"曝光度"的数值会使画面变亮。如果画面欠曝，可以稍微提高"曝光度"的数值，如图6-25所示。

图6-25

对比度：提高"对比度"的数值会使画面中亮的部分更亮，暗的部分更暗。如果拍摄的画面偏灰，可以通过调整"对比度"的数值来增加画面的鲜明度。

高光：指画面中亮的部分，以本节的素材为例，高光指水面、路面以及天空中的云彩等高亮部分。提高"高光"的数值只会影响画面中的高光部分，使亮的区域更亮。

阴影：指阳光照射不到的部分。调整"阴影"的数值可以增加或减少画面暗部的亮度。数值为负时，阴影更暗；数值为正时，阴影更亮。如果将画面的阴影调整得过于明亮，画面的对比度会受到影响，导致画面失真。

白色和黑色："白色"是指比画面高光更亮的部分，"黑色"是指比画面阴影更暗的部分。通过调整这两个属性的数值，可以进一步调整画面的"亮度"和"对比度"。

自动：单击"自动"按钮，系统会根据画面的信息自动地调整数值，通常手动调整数值会使画面的颜色效果更好。

2. 创意

"创意"一般用于加载制作好的调色预设文件，如图6-26所示。

➡ **Look**：用于加载调色预设文件，如图6-27所示。可以载入AE内置的调色文件，也可以加载外部调色预设文件。

图6-26

通过调整"强度"的数值来控制调色预设的强度。

图6-27

➡ **调整**

淡化胶片：提升"淡化胶片"的数值会使画面变灰，从而呈现出胶片的画面质感。这个数值一般不会调整，除非追求特殊的画面风格，如图6-28所示。

图6-28

锐化：可以使画面更加清晰锐利。数值从"0"调整到"100"，可以看到画面效果从柔和变得锐利，如图6-29所示。

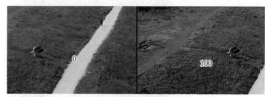

图6-29

自然饱和度：能够增强画面中局部饱和度不够明显的地方，使局部画面颜色更加自然。

分离色调：可以分别调整画面的高光和阴影的颜色，以实现特定的色调效果。例如，将"高光色调"调整为黄色，可以使画面呈现出偏复古风的色调。通过使用"分离色调"工具，可以创造出丰富的视觉效果，如图6-30所示。

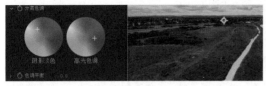

图6-30

3. 曲线

➥ **RGB曲线**：此处的RGB曲线与前文讲解的"曲线"中的RGB曲线的使用方法是一样的，此处不再赘述。

➥ **色相与饱和度**：表示通过选择画面中的色相来改变其饱和度。单击"吸管"图标█，吸取画面中的颜色，如蓝色、绿色或黄色等，然后在"色相与饱和度"曲线上划分该颜色的范围。接着在被吸取的颜色范围线的中间单击添加一个点，单击该点并向上拖曳，可以增强被吸取颜色的饱和度，向下拖曳则降低被吸取颜色的饱和度。这种方法可用于调整局部颜色的饱和度，如图6-31所示。

图6-31

➥ **色相与色相**：表示通过选中的色相来改变颜色。以蓝色为例，用吸管吸取画面中的蓝色后，上下拖曳曲线可以将蓝色变为黄色、紫色或绿色等其他颜色。通过这种方式，可以灵活地改变画面中的颜色，如图6-32所示。

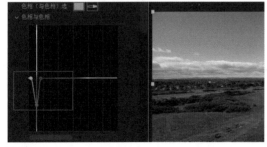

图6-32

➥ **色相与亮度**：表示通过选中颜色的色相来调整对应颜色的亮度。例如，道路太亮，可以用吸管吸取道路的颜色并调整曲线中的点，将点向上提会增加道路的亮度，将点向下拉会降低道路的亮度。需要注意的是，如果选择的颜色与画面中的其他颜色一致，调整该颜色时，其他相同颜色的区域也会随之改变，如图6-33所示。

图6-33

➥ **亮度与饱和度**：表示通过选择画面的亮度调整对应亮度区域的饱和度。"亮度"代表画面的明暗信息，选择某个颜色的亮度，例如绿色，并向上拖曳曲线，画面中绿色的饱和度会增加。

➥ **饱和度与饱和度**：表示通过饱和度调整饱和度。选中画面中的颜色，可以通过调整该颜色的曲线来调整饱和度。

4. 色轮

"色轮"表示通过调整色相来改变画面的颜色。例如，将高光颜色调整为红色，可以使高光部分呈现红色；将阴影调整为黄色，可以使阴影部分呈现黄色；将中间调调整为蓝色，可以使整个画面偏蓝。调整"色轮"属性后的效果如图6-34所示。此外，色轮的左侧还有一个滑块，可以调整选定颜色的亮度。这就是"色轮"的基本使用方法。

图6-34

5. HSL次要

"HSL次要"又称"HSL辅助"，主要用于局部调色。

➥ **键**

添加颜色和移除颜色：使用"添加颜色"吸管和

“移除颜色”吸管，可以添加或移除颜色。勾选“显示蒙版”选项，可以查看被选中的颜色范围，如图6-35所示。

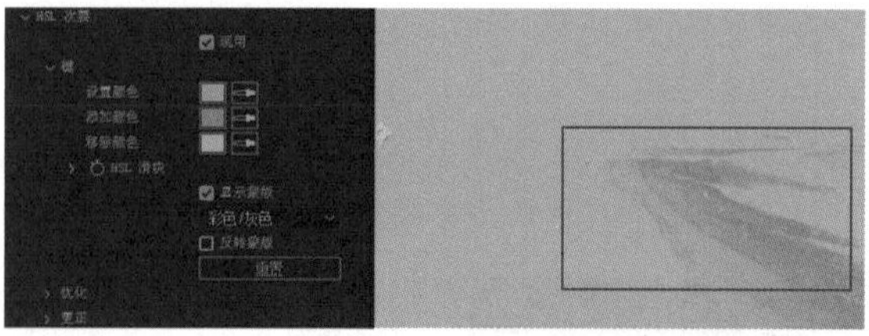

图6-35

HSL滑块：可以使用“HSL滑块”来精确控制颜色的范围和区域。“HSL”分别代表色相、饱和度和明度。拖曳对应的滑块，可以精准地调整颜色的色相、饱和度和明度范围，如图6-36所示。

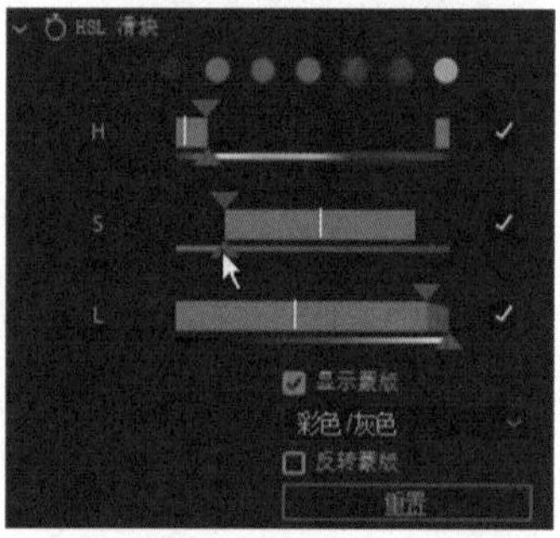

图6-36

➥ **优化和更正**

可以使用“优化”属性中的“降噪”和“模糊”功能解决色彩边缘锐利的问题。还可以使用“更正”属性中的功能对所选颜色范围的颜色进行二次调整，如图6-37所示。

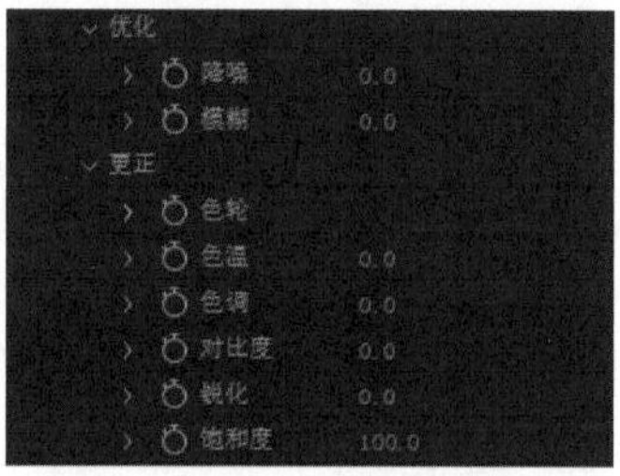

图6-37

6. 晕影

“晕影”可以在画面周围添加黑边，产生聚焦效果，如图6-38所示。

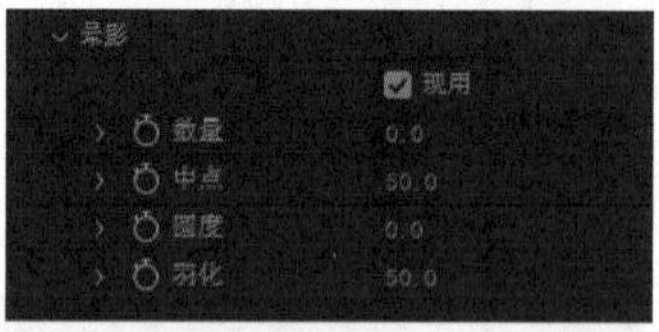

图6-38

➥ **数量**：当数值调整为负值时，画面会出现黑色边框；当数值调整为正值时，画面会出现白色边框，如图6-39所示。

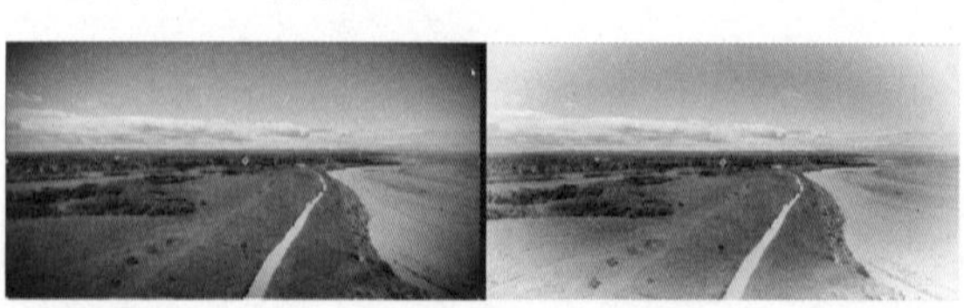

图6-39

➥ **中点**：数值越小，晕影越向内收缩，如图6-40所示；数值越大，晕影越向外扩散。

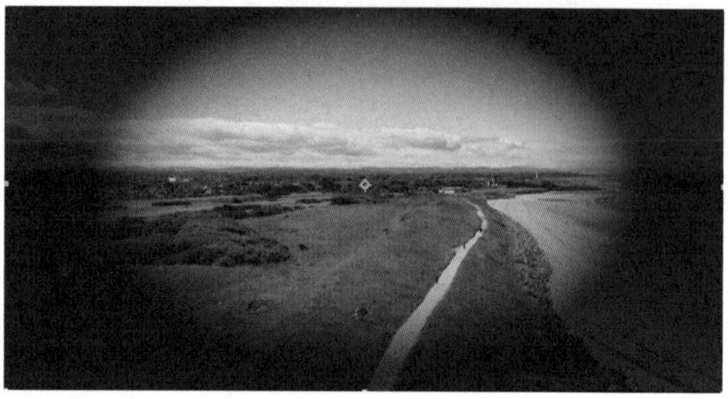

图6-40

➥ **圆度**：用于调整圆圈的圆润程度。

➥ **羽化**：用于模糊边缘，使过渡更加自然。

6.3.3 实例：完成风格化调色

调色分为一级调色和二级调色。一级调色主要对视频画面的曝光、白平衡以及对比度进行调整，二级调色则是在一级调色的基础上进行风格化处理，比如小清新风格、青橙电影色调等。本小节将使用“Lumetri颜色”调色工具完成风格化调色实例。

Step01 打开本小节的工程文件，新建调整图层。单击选中调整图层，在菜单栏选择“效果>颜色校正>Lumetri颜色”命令，使用调整图层完成调色，如图6-41所示。

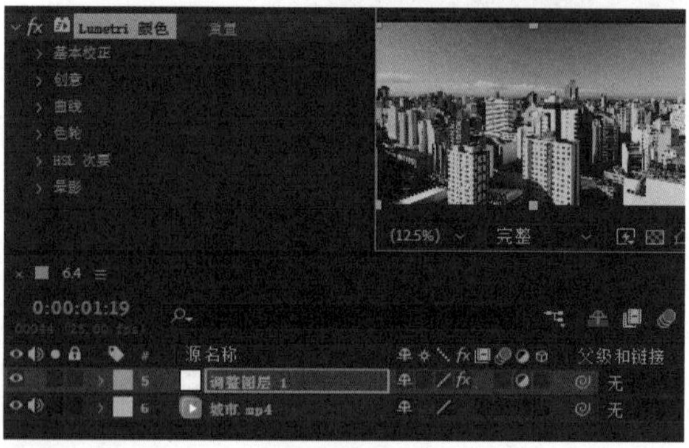

图6-41

Step02 要模拟黄昏的画面效果，先观察画面，可以发现画面偏蓝并且曝光不足，需要针对这些问题对画面进行调整。

Step03 将“曝光度”属性的数值调整为“0.8”左右，增加画面的曝光效果。然后将“色温”属性的数值调整为“70”左右，让画面偏黄。由于增强了曝光，画面中的高光区域更亮了，所以将“高光”属性的数值调整为“-14”左右，如图6-42所示。

图6-42

📝 提示

在调色时，不需要记住所有的数值，只需要理解每个数值能调出什么样的画面效果。调色是感性的，每个人处理的风格都不一样，可以根据自己的感觉调整。

Step04 现在画面中天空太蓝了，通过"曲线"属性将天空的颜色调得偏黄一些。单击展开"曲线"属性，找到"色相与色相"，使用吸管吸取天空中的蓝色，再拖曳曲线的中间点，把画面调得偏黄一些，如图6-43所示。

图6-43

Step05 调整画面的颜色偏向。找到"色轮"，将"阴影""中间调""高光"全部往黄色方向微调，模拟港式色彩风格，如图6-44所示。

图6-44

Step06 现在画面主体不够突出，需要凸显城市中间的部分。单击展开"晕影"属性，将"数量"和"中点"的数值调小，然后将"羽化"的数值调高，制作暗角效果，如图6-45所示。

图6-45

Step07 添加暗角后导致画面变暗，需要再次提亮主体。新建一个调整图层，单击选中调整图层并添加"曲线"效果器，将RGB曲线向上提，增加整个画面的亮度，如图6-46所示。

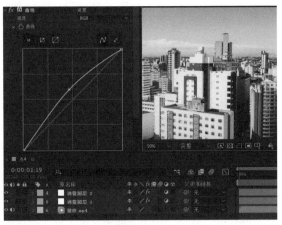

图6-46

Step08 整个画面的亮度提高后，需要再提高城市主体部分的亮度。单击选中"调整图层 2"，使用椭圆蒙版工具框选画面的中心区域，然后提高"蒙版羽化"的数值，如图6-47所示。

图6-47

Step09 新建一个调整图层，在菜单栏选择"效果＞生成＞镜头光晕"命令，将光晕的中心调整到画面的左上角，模拟太阳照射的效果，如图6-48所示。

图6-48

Step⑩ 仔细观察画面，发现天空露出的部分太多，而城市集中在下部分，画面比例不够协调，需要调整画面的构图。

Step⑪ 新建一个纯色图层，将颜色设置为黑色。然后使用矩形蒙版工具框选画面中间区域，并勾选蒙版的"反转"选项。

Step⑫ 单击选中"城市"视频图层，找到"位置"属

性，向上移动图像，裁剪多余的天空部分，如图6-49所示。

图6-49

6.4 其他调色工具的应用

在"颜色校正"中还有其他的调色工具，这些调色工具和"Lumetri颜色"的功能基本相似，接下来逐一讲解。

6.4.1 "色相/饱和度"效果器

在"颜色校正"中也有单独的色相和饱和度功能，它们与已讲解的色相和饱和度的功能是一致的。

1. 添加效果器

打开本节的工程文件，单击选中素材，在菜单栏选择"效果 > 颜色校正 > 色相/饱和度"命令，如图6-50所示。

图6-50

2. 属性面板

"色相/饱和度"效果器可控制的属性相对较多。在"通道控制"中可以选择需要控制的颜色区域。当选中某个颜色后，下方的"通道范围"会自动框选出该颜色所在的区域，如图6-51所示。

图6-51

在"通道控制"中选择"红色"，然后调整下方"红色色相"属性的数值，可以改变图片中对应的红色色相，如图6-52所示。

图6-52

通过调整"红色饱和度"属性，可以让选中的颜色更加鲜艳；通过调整"红色亮度"属性，可以让选中的颜色发生明暗变化，如图6-53所示。

图6-53

📝 提示

如果想更加精确地控制颜色范围，可以拖曳"通道范围"属性下的颜色滑块进行精确调整。

6.4.2 "色阶"效果器

"色阶"效果器和"曲线"效果器的功能有些类似，只是展示的方式不同。"色阶"效果器将亮度、对比度等信息结合在一起，用于调整图像的明度、明暗层次和中间色彩。

1. 添加效果器

单击选中素材，然后在菜单栏选择"效果 > 颜色校正 > 色阶"命令。

2. 属性面板

"色阶"效果器面板下的"直方图"示意图像中，左侧为黑色，右侧为白色。把黑色下方的滑块向右拖曳后，画面中的暗部信息会逐渐提亮，如图6-54所示。

图6-54

直方图从左至右代表0~255画面的亮度分布信息，它在x轴上与视频画面的亮度分布信息相对应，如图6-55所示。

图6-55

"输入黑色"和"输入白色"属性与直方图的两个滑块分别对应，可以通过调整数值或拖曳滑块来调整画面的对比度，如图6-56所示。

图6-56

"输出黑色"和"输出白色"与"直方图"下方的两个滑块分别对应，可以通过调整数值或拖曳滑块来调整输出的暗部范围和亮部范围，如图6-57所示。

图6-57

在"RGB"通道模式下，可以对整个画面的亮度进行调整。如果切换成单独的红、绿、蓝中的某一个颜色通道，可以控制单独颜色的亮度，如图6-58所示。

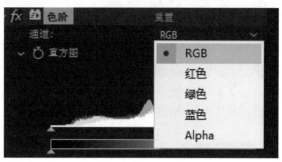

图6-58

6.4.3 "亮度和对比度"效果器

单击选中素材，然后在菜单栏选择"效果 > 颜色校正 > 亮度和对比度"命令。此效果器的功能较少，当只需要对某个画面调整亮度和对比度时，可以添加此效果控件并对画面进行快速调整，如图6-59所示。

图6-59

6.4.4 "色调"和"三色调"效果器

通过"色调"效果器或者"三色调"效果器可以把原始素材的颜色进行重新映射，达到更改素材颜色的目的。

1. "色调"效果器

通过"色调"效果器可以直接给画面重新映射颜色。单击选中素材，然后在菜单栏选择"效果 > 颜色校正 > 色调"命令。在"效果控件"面板中可以看到"将黑色映射到""将白色映射到"两个属性。可以对这两个属性的颜色进行重新定义，默认为黑色和白色，如图6-60所示。

图6-60

把黑色映射成红色，把白色映射成蓝色，画面就会变成红蓝相间的效果。通过控制"着色数量"可以控制红色和蓝色与原始图像的混合程度，如图6-61所示。

图6-61

2."三色调"效果器

"三色调"效果器的属性更加直观，包含"高光""中间调"和"阴影"等。可以通过"三色调"效果器更改素材对应区域的颜色，如图6-62所示。

图6-62

6.4.5 "保留颜色""更改为颜色""黑色和白色"效果器

接下来介绍三款比较好用的调色工具，分别是"保留颜色""更改为颜色"和"黑色和白色"效果器。

1."保留颜色"效果器

"保留颜色"就是保留画面中的某种颜色。单击选中素材，在菜单栏选择"效果＞颜色校正＞保留颜色"命令，如图6-63所示。

图6-63

单击"吸管"图标 ，吸取画面中需要保留的颜色，将"脱色量"的数值提高，其他未选中的颜色将变成黑白色，只保留吸管吸取的颜色，如图6-64所示。

图6-64

通过调整"容差"的数值，可以控制保留颜色的范围，制作单色保留的效果，如图6-65所示。

图6-65

2."更改为颜色"效果器

"更改为颜色"效果器可以将画面中的某个颜色更改为目标颜色。单击"自"属性中的"吸管"图标 ，吸取画面中需要更改的颜色，然后通过"至"属性更改为目标颜色，如图6-66所示。

图6-66

在"容差"属性中，可以通过"色相""亮度"和"饱和度"来控制颜色的选择范围，如图6-67所示。

图6-67

3."黑色和白色"效果器

"黑色和白色"是在视频制作过程中经常使用的效果器。单击选中素材，在菜单栏选择"效果＞颜色校正＞黑色和白色"。可以通过调整"色调颜色"来更改黑白颜色的偏向，同时也可以调整不同颜色的数值来指定画面的颜色偏向，如图6-68所示。

图6-68

6.5 Log素材与Rec.709素材的区别

在视频调色中最常见的素材模式分别是Log素材和Rec.709素材。由于二者的色彩模式不同，在拍摄时记录的画面信息也不同。各数字摄影机厂商都将"Log"函数曲线的记录方式应用于各自的摄影机中。由于各个品牌的技术差异，其拍摄视频的"Log"函数曲线的色彩范围会有所不同，比如索尼的"SLog2"和"SLog3"，佳能的"CLog"以及大疆的"D-Log"等。

6.5.1 Log素材

Log图像文件以"Log"函数曲线的计算方式来转换图像信息，它拥有更多的高亮信息、阴影信息以及更宽的色域范围。由于Log视频具有"Log"曲线特性，并且拥有比Rec.709更宽的色域范围，所以Log视频在普通显示器上呈现出低对比度、低饱和度的特征，如图6-69所示。

图6-69

由于Log素材保留了很多的高光以及阴影信息，在视频调色时会更容易调整。在调整这种视频素材时，首先要将Log素材还原成正常的Rec.709模式，也就是人眼看到的正常色彩。在各摄影机厂商的官网中都有对应的还原调色预设，可以直接套用，如图6-70所示。

图6-70

6.5.2 Rec.709素材

Rec.709色彩标准是高清电视的国际标准。1990年国际电信联盟将Rec.709作为HDTV的统一色彩标准，它有相对较小的色域并且与用于互联网媒体的sRGB色彩空间相同。大部分影片在后期发行的过程中，都需要在原片的基础上参照Rec.709色彩标准进行转码，以提供符合主流的播放形式。可以简单理解为，现在看到的所有视频画面，无论最原始的视频色彩模式是什么样的，最终播出后都要转换成Rec.709的色彩模式。比如手机拍摄的画面、相机拍摄的直出画面等都是Rec.709色彩模式。

由于Rec.709色彩模式是直出画面，近似于人眼看到的画面，所以在后期调色时相对于Log素材而言，没有更多的调色处理空间。对素材进行调整后很容易出现高光或阴影部分细节损失等问题。

当一些视频项目无须进行严谨的调色时，在视频拍摄的过程中会直接拍摄Rec.709的直出画面。

> **提示**
>
> 使用不同的数字影像设备可以拍摄出不同的Log素材，该素材具有更高的色彩范围，能够有效保留视频画面中的高光和阴影细节，适用于专业的调色工作流程中。
>
> Rec.709素材是摄影设备的直出画面，近似于人眼看到的画面，色彩范围较小，不利于专业的视频调色工作流程。但适合无须调色的视频项目，比如个人生活记录、网络视听节目等。

6.5.3 利用颜色查找表快速完成调色

颜色查找表的英文缩写为"LUT"，也就是"调色预设"，我们可以利用它来快速完成视频调色。前面讲解了Log素材与Rec.709素材的区别，本小节利用Log素材和调色预设来完成调色。

下面使用的是索尼SLog3拍摄的素材。素材的宽容度比较大，所以需要进行一级调色，一级调色有如下两种方法。

1.调色方法一

打开本节的工程文件，单击选中视频图层，在菜单栏选择"效果 > 实用工具 > 应用颜色LUT"命令，打开"选择LUT文件"对话框，在素材文件夹中选择"官方还原SLog3SGamut3.CineToLC-70..."，如图6-71所示。

图6-71

添加完LUT文件后，画面的饱和度和对比度还是太弱，需要对图像进行二次调整，如图6-72所示。

图6-72

新建一个调整图层，在菜单栏选择"效果>颜色校正>Lumetri颜色"命令。在"基本校正"属性中调整画面存在的问题。

画面太亮，将"曝光度"的数值降低，将"高光"的数值降低，将"白色"的数值提高。

画面的对比度不够，将"对比度"的数值提高。

画面的颜色不够鲜艳，将"饱和度"的数值提高。至此完成了索尼SLog3素材的一级调色，如图6-73所示。

图6-73

2. 调色方法二

单击选中视频素材，将"应用颜色LUT"效果器删除。然后单击选中视频素材上方的调整图层，在"Lumetri颜色"面板中，展开"基本校正"属性。在"输入LUT"中载入方法一中提到的"官方还原SLog3SGa..."，如图6-74所示。

图6-74

> **📝 提示**
>
> 调色方法二比方法一省去了添加"应用颜色LUT"效果器的步骤。当面对高宽容度的Log素材时，一般在"基本校正"属性的"输入LUT"中载入官方的"还原LUT"。当载入"还原LUT"后，画面颜色仍不够理想，就需要在"基本校正"属性中对素材进行调整。
>
> 上文使用的"还原LUT"是官方提供的，它只能把灰色的Log素材还原成正常的Rec.709素材。如果想对视频进行风格化处理，还需要通过其他调色工具进行二级调色。很多视频创作者为了减少麻烦，会将"还原LUT"和"风格LUT"打包成一个预设文件，此时只需要在"基本校正"属性中输入预设文件，就可以完成视频的还原和风格的调整。

3. 使用LUT对Log素材调色的完整流程

先通过官方的"还原LUT"对视频素材进行一级调色。在"Lumetri颜色"效果器的"基本校正"属性中输入官方的"还原LUT"，并对画面进行初步调整，如图6-75所示。

图6-75

视频还原后，需要进行二级调色风格化处理。单击展开"创意"属性，在"Look"中载入AE内置的调色预设文件，里面的文件都可以尝试载入。也可以载入第三方作者制作的调色预设文件，如图6-76所示。

图6-76

> **📝 提示**
>
> 如果感觉LUT的风格化太强或太弱，可以通过调整"强度"的数值来控制，"强度"的默认数值为"100"。调高"强度"的数值，画面的风格化变强；调低数值，画面的风格化变弱。

6.6 综合训练：青橙电影色调

本节将利用调色工具完成常见的青橙电影色调的调色案例。青橙色调画面中包含非常多的青色和橙色信息，所以需要使用调色工具把画面中的颜色信息整体往青色和橙色方向调整。

Step01 打开本节的工程文件，对素材进行观察，如图6-77所示。地面包含橙色和偏灰的颜色，可以整体调整为橙色；背景的山峰及天空偏蓝，可以调整为青色。

图6-77

Step02 对画面进行一级调色处理。经观察发现，画面除了曝光不足，并无偏色。单击选中素材，在菜单栏选择"效果 > 颜色校正 > Lumetri颜色"命令。单击展开"基本校正"属性，将"曝光度"的数值提高，如图6-78所示。

图6-78

Step03 完成色相统一，将画面往青色和橙色调整。单击展开"曲线"，找到"色相与色相"，单击"吸管"图标吸取地面偏黄的颜色，并往橙色调整。然后吸取山峰的颜色，将其往青色调整。接着吸取地面偏白的颜色，并往青色调整，如图6-79所示。

图6-79

Step04 观察地面后发现，橙色的饱和度太高，使用"色相与饱和度"功能，将橙色的饱和度降低，完成色相统一，如图6-80所示。

图6-80

Step05 单击展开"色轮"，将"中间调"向青色方向移动，将"高光"和"阴影"向橙色方向微微移动，如图6-81所示。

图6-81

> **📝 提示**
>
> 到目前为止，如果你对调整后的色彩已经满意，便无须进行下面强化色彩的操作步骤。

Step06 新建调整图层，在调整图层上添加"Lumetri颜色"效果器，单击展开"基本校正"属性，将"色温"调整为负值，让画面偏蓝。然后将"饱和度"的数值提高，增加画面的鲜艳程度。最后将"对比度"的数值提高，让画面变得更通透，如图6-82所示。

图6-82

Step**07** 调整地面区域。单击展开"HSL次要"属性，使用"设置颜色"吸管吸取地面的颜色，勾选"显示蒙版"选项，然后使用"添加颜色"吸管吸取地面的颜色，如图6-83所示。

图6-83

Step**08** 单击展开"HSL滑块"属性，通过调整H、S、L三个滑块，可以精准控制地面区域的颜色，如图6-84所示。调整完毕后，取消勾选"显示蒙版"选项。

图6-84

Step**09** 单击展开"优化"属性并将"模糊"的数值提高，以优化边缘。然后单击展开"更正"属性中的"色轮"，

将"色轮"中的点向青色方向拖曳，如图6-85所示。

图6-85

Step**10** 通过上述步骤，加强了整个画面的蓝色，如果不想让画面太蓝，可以单击展开"调整图层 1"，降低"不透明度"的数值，如图6-86所示。

图6-86

Step**11** 制作模拟电影质感的画面，可以通过添加上下遮幅的方式制作宽银幕的图像效果。先新建一个黑色纯色图层，然后单击选中图层，使用矩形蒙版工具在画面中进行绘制，最后勾选"蒙版 1"中的"反转"选项，完成遮幅制作，如图6-87所示。

图6-87

6.7　课后练习：参考喜欢的影视片段完成仿色练习

本章的课后练习需要大家找到自己喜欢的影片，并观察该影片的色彩风格，然后完成仿色练习，具体要求如下。

在网络上查找自己喜欢的电影片段并分析该片段的色彩风格，然后参考影片的效果，拍摄一段类似的视频，接着对拍摄的视频进行调色。

三维效果设计与制作

本章将学习 AE 的三维板块。在时间线面板中可以调用素材的三维属性，当开启"3D图层"后可以看到 x、y、z 三个轴向，再配合摄像机可以在空间中调整图层的位置。当然，AE 中的三维图层是 2.5D 图层，虽然它有 x、y、z 三个轴向，但图层在空间中没有厚度。

学习资料所在位置	学习资源 \ 第 7 章

7.1 三维图层的主要特点与查看方法

为普通的二维图层开启"3D图层"后，会自动激活 AE 默认的摄像机功能，也会自动激活 AE 的三维视图的查看功能。本节将深入分析三维图层的特点与查看方法。

7.1.1 调用三维图层

打开本节的工程文件，时间线面板中有一个文本图层，如果想为文本图层开启"3D图层"，需要单击时间线面板中的"3D图层"图标🔲。当图层开启"3D图层"后，对应的"位置""缩放""方向"等属性中会多出 z 轴的数值，如图7-1所示。

图7-1

以"位置"属性为例。调整"位置"的 z 轴数值，数值越大，文字越远离摄像机；数值越小，文字越靠近摄像机。虽然此时文字发生了大小变化，但只是因为改变了文字相对于摄像机的距离，而文字本身并未

产生大小的变化，如图7-2所示。

图7-2

将项目面板中的图像素材拖入时间线面板中，并开启"3D图层"，将"位置"属性的 z 轴数值调整为"57"左右，让文字显示出来，如图7-3所示。

图7-3

7.1.2 视图的查看方法

1. 视图布局

当开启"3D图层"后可以以不同的视图进行查看，有"1个视图""2个视图"和"4个视图"，如图7-4和图7-5所示。

图7-4

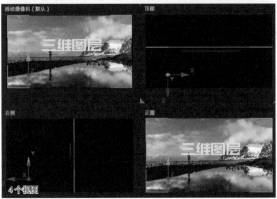

图7-5

多视图视角可以查看合成中图层的各个角度，便于在空间中调整图像的位置。

将画面切换到"1个视图"，当时间线面板中有图层开启"3D图层"后，会自动激活AE的默认摄像机，可以通过"1个视图"查看摄像机照射的不同方位，如图7-6所示。

图7-6

把画面切换成"左侧"视图后，可以在图层左侧观察图层的空间位置。位置靠后面的是图片图层，位置靠前面的是文本图层。可以在此处调整两个图层在空间中的位置关系，如图7-7所示。

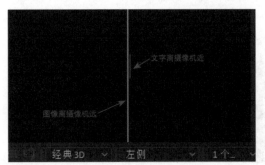

图7-7

2. 视图角度

在AE中一共可以设置3个自定义视图。需要注意的是在"自定义视图"中无论怎么旋转摄像机，都不会影响图层以及摄像机的属性，它只是一种查看图像的方式，如图7-8所示。

图7-8

通过使用工具栏中的旋转、移动、缩放三个功能，可以在"自定义视图"中查看图层的位置关系。当使用旋转工具后，按C键自动切换成移动工具，再按C键切换成缩放工具，三个工具可以通过按快捷键C循环切换，如图7-9所示。

图7-9

再次提示，"自定义视图"只是用于查看图层在空间中的位置关系，无论在"自定义视图"中怎么调整摄像机，当切换到"活动摄像机（默认）"视图后，图层位置都是最原始的状态，如图7-10所示。

图7-10

7.2　摄像机的基本操作

在 AE 中,当开启"3D 图层"后,会激活 AE 的默认摄像机,此摄像机在时间线面板中不可见。如果想操控摄像机,需要新建摄像机。

7.2.1　添加摄像机

在时间线面板空白处右击,选择"新建 > 摄像机"命令,新建一个"摄像机",如图 7-11 所示。

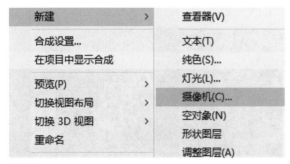

图 7-11

7.2.2　"摄像机设置"对话框

新建摄像机后,会弹出"摄像机设置"对话框,如图 7-12 所示。

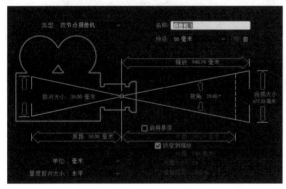

图 7-12

1. 名称

"名称"用于更改摄像机的名称,当场景中有多个摄像机时,可以用不同的"名称"来区分;当只有一个摄像机时,保持默认名称即可。

2. 预设

摄像机"预设"的焦距最小为"15 毫米",最大为"200 毫米"。数值越小,摄像机照射的范围越大。通常情况下,摄像机"预设"焦距的数值在 35 ~ 50 毫米。

7.2.3　使用摄像机

1. 3D

摄像机属性数值设置完毕后单击"确定"按钮 确定 。如果时间线面板中没有图层开启"3D 图层",软件会提示把图层开启"3D 图层"才可以使用摄像机,这不需要理会,后期在时间线面板中开启"3D 图层"即可。

为时间线面板中的素材开启"3D 图层",摄像机只影响 3D 图层,如图 7-13 所示。如果时间线面板中有多个素材没有开启"3D 图层",当调整摄像机时,将无法使用摄像机视角查看这些图层。

图 7-13

2. 调整摄像机

在"活动摄像机(默认)"视图下,使用工具栏的"旋转"( )、"移动"( )、"缩放"( )等工具查看视图时,只调整了摄像机的属性,会影响最终画面的显示结果,如图 7-14 所示。

图 7-14

> **提示**
>
> 在时间线面板新建摄像机后,合成面板右下角显示的"活动摄像机(默认)"是新建的"摄像机 1"。如果场景中有多个摄像机,就可以选择"摄像机 1""摄像机 2"等。

3. 双视图调整

在使用摄像机时,往往会通过多视图配合使用。先切换成"2 个视图",然后在"左侧"视图中切换到

"自定义视图1"，在"右侧"视图中切换到"活动摄像机（摄像机1）"。在"左侧"视图中可以调整图层的"位置""旋转""缩放"等属性，在"右侧"视图中的图像也会实时更新调整的样式，如图7-15所示。

图7-15

7.3 摄像机属性设置

在制作三维动画时，经常需要给摄像机制作关键帧动画，摄像机包含目标点以及位置等属性。只有掌握这些属性的使用方法，才能让摄像机在三维场景中发挥强大的作用。

7.3.1 新建摄像机

打开本节的工程文件，新建摄像机，然后将视图切换成"自定义视图1"，利用旋转工具将视图旋转到摄像机方便查看的位置。单击选中文本图层并调整"位置"的z轴，让文本图层接近摄像机，如图7-16所示。

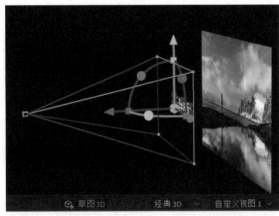

图7-16

7.3.2 属性面板

1. 变换

在时间线面板单击选中"摄像机 1"，然后单击展开"变换"属性。

➡ **目标点：** 可以控制摄像机前方目标点上、下、左、右移动及前后移动，还可以制作相机扫射动画，如图7-17所示。

图7-17

➡ **位置：** 可以控制摄像机末端进行上、下、左、右、前、后的移动，如图7-18所示。

图7-18

➡ **方向、X轴旋转、Y轴旋转、Z轴旋转：** 它们都用于控制摄像机的旋转方向。

2. 摄像机选项

单击展开"摄像机选项"属性，这里可以调整摄像机的参数。

➡ **缩放：** 用于控制摄像机的角度变化，相当于真实世界中摄像机从广角模式调整到长焦模式。数值越小，角度越大，看到的画面越多；数值越大，角度越小，看到的画面越少，如图7-19所示。

图7-19

➡ **景深、焦距、光圈：** 当摄像机开启"景深"后，可以利用"焦距"和"光圈"调整画面的景深效果。调整"焦距"的数值可以让摄像机对准文字或背景。

当摄像机对准文字时，背景会产生模糊，如果模糊度不够大，可以将"光圈"的数值提高。"光圈"的数值越大，"景深"效果越强烈，如图7-20所示。

图7-20

➡ **模糊层次：** 当数值为"0"时，画面不会产生模糊。

数值越大，画面的模糊效果越强烈。

> 📝 **提示**
>
> 如果想让画面产生景深效果，需要开启"景深"，并通过调整"焦距"和"光圈"的数值来制作景深效果，这三个属性是配合使用的。在"摄像机选项"属性中，只需要调整"缩放""景深""焦距""光圈"和"模糊层次"等属性的数值，其余数值保持默认即可。

7.4　常见灯光类型

在三维场景制作过程中，除了三维图层和摄像机，还有一个非常重要的图层就是灯光图层。使用AE中的灯光可以照亮三维场景，完成合成效果。AE中的灯光类型非常多，包含聚光灯、点光源、平行光和环境光四种类型。这些灯光的使用方法基本一致，只是应用的场景不同，学会使用一种灯光，就能够掌握其他灯光的使用方法。

7.4.1　添加灯光

打开本节的工程文件，右击时间线面板空白处，选择"新建 > 灯光"命令，会弹出"灯光设置"对话框，如图7-21所示。

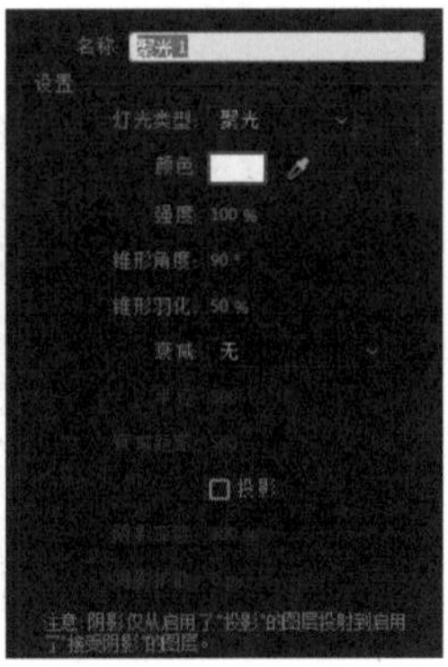

1. 名称

"名称"用于自定义灯光的名称。

图7-21

2. 灯光类型

"灯光类型"包含"点""平行""聚光""环境"四种类型，这里先选择"点"。

3. 颜色

"颜色"是指灯光发出的颜色，不同的灯光颜色会对场景产生不同颜色的照明。

4. 强度

"强度"是指灯光的强弱，默认数值为"100%"，数值越小，灯光越暗。当数值为"0%"时，完全看不见场景中的三维图层。

5. 衰减

"衰减"是指灯光的照射范围的过渡方式，包含"平滑""反向正方形已固定"和"无"选项。

6. 投影

"投影"是指灯光照射物体后是否产生阴影。

7.4.2　灯光属性面板

1. 颜色、投影和衰减

将"灯光设置"对话框的"颜色"设置为"白色"，然后勾选"投影"选项并单击"确定"按钮。新建的灯光面板中的颜色、投影和衰减属性与"灯光设置"对话框中的作用相同。单击灯光图层并展开"灯光选项"属性。将"衰减"类型设置为"平滑"后，可以看到画面的灯光过渡有明显的交界线，将"衰减"类型设置为"反向正方形已固定"后，灯光照射范围的过渡效果变得柔和，如图7-22所示。

图7-22

2.半径和衰减距离

开启"衰减"后，会自动激活"半径"和"衰减距离"属性。"半径"代表灯光照射的范围，数值越大，照射的范围越大。"衰减距离"代表以"半径"为基础，灯光向外扩散后阴影过渡的距离，如图7-23所示。

图7-23

> 📝 **提示**
>
> 点光源中还有"阴影深度"和"阴影扩展"两个属性，将在后续灯光材质部分进行讲解。

7.4.3 切换灯光模式

1.平行光

将"灯光类型"切换成"平行"模式。"平行"用于模拟太阳光照，其中的属性和点光源一样。

2.环境光

"环境"模式中包含"强度"和"颜色"两个属性。当在其他"灯光类型"中无法照亮整个场景时，可以通过环境光增加画面亮度。

3.聚光灯

将灯光类型切换成"聚光"模式，聚光灯类似于舞台光源，从一个点开始，以锥形向外发射光源，所以

该灯光类型多了"锥形角度"和"锥形羽化"两个属性。"锥形角度"代表光源照射的范围，"锥形羽化"代表灯光照射边缘的虚实程度，如图7-24所示。

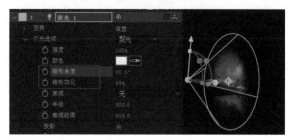

图7-24

7.4.4 调整聚光灯

通常会在"自定义视图"中调整聚光灯，其中共有三种调整方式。

1.调整目标点

仅调整"目标点"，直接单击目标点并拖曳即可。

2.调整位置

仅调整"位置"，按住Ctrl键并拖曳即可。

3.调整位置和目标点

如果想让位置和目标点一起移动，单击选中对应的轴向拖曳即可，如图7-25所示。

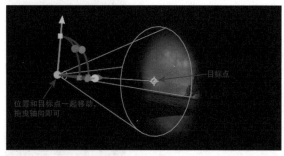

图7-25

7.5 灯光和材质的设置方法

在AE的三维场景中，灯光是可以和三维图层产生交互的。当场景中添加灯光后，对应的三维图层属性中会多出"材质选项" ▶ 材质选项 ，在此选项中可以设置灯光对图层的影响。

7.5.1 材质选项

打开本节的工程文件，在时间线面板中包含了使用纯色图层来制作的"地面"图层，并且"地面"图层

开启了"3D图层"。此外，还包含了"3D"文本图层、"聚光 1"图层和"摄像机 1"图层，如图7-26所示。

图7-26

1.投影

"投影"中包含了"关""开""仅"三个选项。

现在聚光灯已经开启了"投影"属性，但是灯光照射到文字上，地面上并没有产生投影。此时需要找到文本图层并单击展开"材质选项"，将"投影"选项设置为"开"后，图像就会正常显示地面上的投影，如图7-27所示。

图7-27

再次单击"投影"右侧的"开"选项，选项会由"开"变成"仅"，这表示画面仅显示投影，不显示文字，如图7-28所示。

图7-28

再次单击"投影"右侧的"仅"选项，选项会由"仅"变成"关"，此时画面显示文字且不显示投影。

2.透光率

"透光率"代表画面中投影的不透明度，数值越小，投影越模糊。

3.接受阴影

当场景中有两个及以上的三维图层时，图层之间投影的投射效果就可以通过"接受阴影"的"关""开""仅"三个选项来控制。"关"表示前方图层不会对后方图层产生投影；"开"表示前方图层会对后方图层产生投影；"仅"表示仅会产生投影，但不显示文字，如图7-29所示。

图7-29

4.接受灯光

当开启"接受灯光"选项时，灯光会影响文字的受光情况及颜色等属性。当关闭"接受灯光"选项时，灯光不会影响文字表面的属性，如图7-30所示。

图7-30

5.环境

"环境"的数值越大，场景越亮。

6.漫射

"漫射"会影响图层表面的亮度，数值越小，图层越暗。

7.镜面强度、镜面反光度和金属质感

"镜面强度"和"镜面反光度"属性控制图层表面的反射强度，数值越大，图层的反光越强烈，文字越亮。"金属质感"控制文本图层的金属特性。

> **提示**
>
> 上文是以文本图层讲解"材质选项"，其他图层中的"材质选项"参数也是一样的，想让哪个图层受到影响，就调整对应图层的"材质选项"属性。

7.5.2 灯光选项

"灯光选项"中包含"阴影深度"和"阴影扩散"两个属性，这两个属性主要用于调整画面的阴影。

1.阴影深度

把"阴影深度"的数值调整为"0"后，画面的阴影完全不可见。当提高数值后，画面的阴影逐渐变黑并且阴影轮廓逐渐清晰，如图7-31所示。

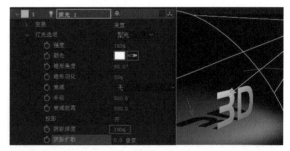

图7-31

2.阴影扩散

把"阴影扩散"的数值提高后，地面的阴影会产生

虚化效果，如图7-32所示。

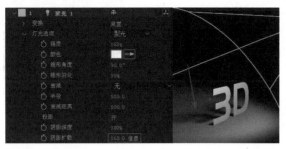

图7-32

7.5.3 实例：文字在实景空间的合成

本小节将通过文字的实景空间合成实例，让大家对灯光以及材质属性有更加深刻的理解。在本小节的工程文件中有一张图像，我们将在此图像场景中制作合成立体文字效果。

Step01 新建纯色图层并命名为"地面"，将颜色改为灰色，并开启"3D图层"。单击选中"地面"图层并在菜单栏选择"效果>生成>网格"命令，"网格"效果器将作为文字匹配地面时的参考。将"地面"图层在x轴旋转90度，通过调整方向匹配地面。单击并拖曳网格的边缘点，将网格放大一些，如图7-33所示。

图7-33

Step02 新建一个文本图层，输入想要的文字，实例中输入的是"AE2024"。为文本图层开启"3D图层"，然后把文字移动到网格上，如图7-34所示。

图7-34

Step03 此时需要让地面和文字进行匹配。制作灯光后，地面才会产生阴影。将视图切换到"左侧"视图，移动

文字并让文字底部和地面相交，如图7-35所示。

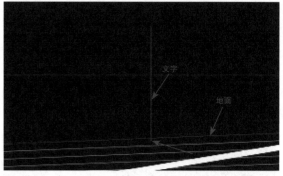

图7-35

Step04 文字和地面相交后，切换到"活动摄像机（默认）"视图，如图7-36所示。此时可以调整文字的"大小""旋转"等属性。文字和地面匹配完毕后，单击选中"地面"图层并删除"网格"效果器。

图7-36

Step05 新建聚光灯。先把聚光灯的颜色改成白色并勾选"投影"选项。然后将视图切换到"自定义视图"，通过C键旋转和移动视图，找到灯光和地面的位置。聚光灯目标点对准文字后按住Ctrl键并移动聚光灯的尾部，与实拍素材的光照方向进行匹配，如图7-37所示。

图7-37

Step06 切换到"活动摄像机（默认）"视图，单击选中文本图层，然后展开"材质选项"属性。如果想让地面产生阴影而文字不受灯光的影响，就要打开"接受阴影"并关闭"接受灯光"属性，同时开启"投影"，如图7-38所示。

图7-38

Step 07 此时不需要地面的纯色图层，所以要设置"地面"图层的材质。先单击展开"地面"图层的"材质选项"属性，然后将"接受阴影"改为"仅"，此时地面阴影消失，但保留了文字"AE2024"的阴影，如图7-39所示。

Step 08 现在文字和地面完成了基础的合成效果，但是投影太实且颜色太黑。先找到文本图层的"材质选项"属性，将"透光率"的数值提高。然后单击"聚光 1"

图层，在"灯光选项"中将"阴影扩散"的数值提高，至此阴影的虚化效果就制作完成了，如图7-40所示。

图7-39

图7-40

Step 09 阴影调整完毕后，还可以对文字的位置、大小进行调整，甚至调整灯光的角度以达到满意的效果。

7.6 综合训练：水墨风格三维动画开场案例

本节利用三维图层以及摄像机完成水墨风格三维动画开场案例。此案例中会运用大量三维图层来完成场景搭建，如果想在AE中完成这种动画，需要把图像拆分成单独的图层在三维空间中进行摆放。图层拆分可以利用AE的蒙版工具或者专业的图像处理软件Photoshop来完成。

7.6.1 调整画面

1.设置视图

Step 01 打开本节的工程文件，单击选择"综合训练"合成。本小节将在此合成中完成效果制作，为所有图层开启"3D图层"，如图7-41所示。

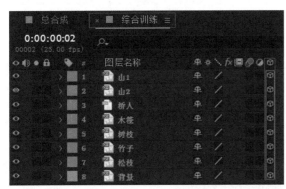

图7-41

Step 02 新建一个摄像机，将"预设"设置为"35毫米"，单击"确定"按钮。然后将视图切换为"2个视

图"，便于场景搭建。将左侧的视图切换成"自定义视图1"，右侧视图切换成"活动摄像机（摄像机1）"视图，如图7-42所示。

图7-42

2.调整背景

Step 01 单击选中"背景"图层，因为背景是在画面的最后边所以在"自定义视图1"中单击选中背景的z轴并向后拖曳。

Step 02 将"背景"图层向后拖曳后，由于图层离摄像机越来越远，图像在画面中会变小。此时给"背景"图层添加"动态拼贴"效果器，然后将"输出宽度"和"输出高度"的数值调整为"240"左右，接着勾选"镜像边缘"选项。

Step 03 由于图像是通过拼贴完成的，交界处可能会产生明显的拼贴痕迹，此时可以使用"缩放"功能将图像放大一些，如图7-43所示。

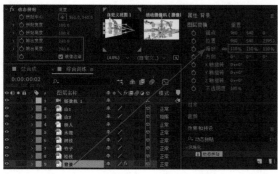

图7-43

3. 场景搭建1——调整植物、木筏和山体

Step01 单击选中"松枝"图层,将它的位置移动到画面的左上角,离摄像机近一点。然后单击选中"竹子"图层,将它的位置移动到画面的右下角并放大,作为前景图层,如图7-44所示。

图7-44

Step02 单击选中"木筏"图层,将它移动至画面的中间位置,注意调整前后图层之间的纵深关系,如图7-45所示。

图7-45

Step03 将"山2"图层的位置向后侧移动,调整"山2"的大小和位置。将"山1"图层移到"山2"图层的后方,制作前实后虚的山体效果,如图7-46所示。

图7-46

Step04 单击选中"山1"图层并按快捷键Ctrl+D复制一个图层,把背景制作成层峦叠嶂的感觉。对于复制出来的山体,可以调整它们的"大小""缩放""位置"等属性,让山体显得错落有致,如图7-47所示。

图7-47

4. 场景搭建2——制作桥的倒影

Step01 单击选中"桥人"图层,按快捷键Ctrl+D复制一个图层,将复制的图层名称改为"桥的倒影"。

Step02 单击选中"桥的倒影"图层,在菜单栏选择"图层>变换>垂直翻转"命令。然后单击并拖曳图层上方中间的调整点,使倒影的形状变得扁一些。

Step03 单击选中"桥的倒影"图层,然后使用钢笔蒙版工具框选桥的主体部分,接着将"蒙版羽化"的数值提高,如图7-48所示。

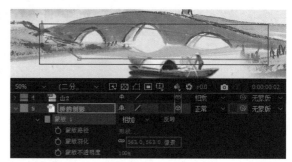

图7-48

5. 图层调色与场景融合

Step01 单击选中"木筏"图层,在菜单栏选择"效果>杂色和颗粒>中间值"命令,将"半径"的数值调整为"5"左右,让木筏具有水墨风格。选中"中间值"效果器并按快捷键Ctrl+C复制,再选中"桥的倒影"图层,按快捷键Ctrl+V粘贴效果器,把"桥的倒影"图层的"不透明度"的数值降低,模拟倒影效果,如图7-49所示。

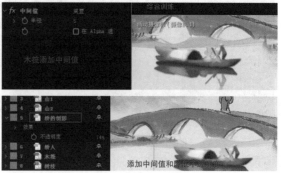

图7-49

Step02 "山2"图层的画面有些偏黄,单击选中该图层,在菜单栏选择"效果>颜色校正>曲线"命令,将"蓝色"通道的曲线向上提,增加画面中的蓝色,将"红色"通道的曲线向下拉,增加画面中的青色,如图7-50所示。

图7-52

7.6.2 制作动画

1.制作摄像机动画

Step01 将时间线移动到第一帧的位置,单击展开"摄像机 1"的"变换"属性并单击激活"目标点"和"位置"左侧的"码表"图标。

Step02 将时间线移动到第4秒左右的位置,在"自定义视图 1"中拖曳摄像机的z轴并向前移动,直到摄像机拍摄到后方的山体部分,如图7-53所示。

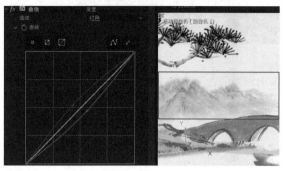

图7-50

Step03 接下来让主体部分突出一些。单击选中"桥人"图层,在菜单栏选择"效果>颜色校正>色阶"命令,在"色阶"效果器面板中调整"输入黑色"和"输入白色"对应的滑块,增加画面的对比度。接着添加"中间值"效果器,将"半径"的数值调整为"5"左右,如图7-51所示。

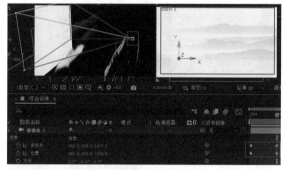

图7-53

> **提示**
>
> 在摄像机动画制作的过程中,如果图层遮挡了摄像机,可以手动调整图层的位置。同时在摄像机向前移动时需要将y轴向上提高一些,以免拍摄到桥堤。

Step03 将视图切换为"1个视图",单击选中"摄像机 1"图层并按U键调出关键帧,框选这些关键帧并按F9键添加缓动效果,如图7-54所示。

图7-51

> **提示**
>
> 添加"中间值"效果器不仅可以让多个图层融合得更好,还能模拟水墨效果。如果感觉其他图层也需要模拟水墨效果,可以直接复制粘贴效果器。

图7-54

2.制作文字和水墨印章动画

Step01 在项目面板单击展开"水墨素材"文件夹,单击"字"素材并拖入时间线面板中,然后为"字"图层开启"3D图层"。

Step04 新建调整图层,将"调整图层 3"移动到"摄像机 1"的下方。在菜单栏选择"效果>颜色校正>曲线"命令,将"RGB"通道中的曲线向上拖曳,增加画面的整体亮度。然后切换到"蓝色"通道,将蓝色曲线向上提,在画面中增加一些蓝色,如图7-52所示。

Step**02** 将"字"图层的混合模式切换成"变暗",过滤掉杂色。

Step**03** 调整"字"图层的z轴,把文字移动到靠近后方山体的位置,然后调整"图层变换"中的属性,适配文字大小,如图7-55所示。

图7-55

Step**04** 添加水墨印章。在项目面板单击"水墨"素材并拖入时间线面板,再开启"3D图层"。单击选中文本图层的"位置"属性并按快捷键Ctrl+C复制。然后单击选中"水墨"图层并按P键调出"位置"属性。单击选中"水墨"图层的"位置"属性并按快捷键Ctrl+V粘贴文本图层"位置"的数值并将水墨印章移到文字的左下角,如图7-56所示。最后调整水墨印章的大小并降低"不透明度"的数值。

图7-56

Step**05** 将时间线移动到人物快出画面的位置,在第2.5秒左右。选中"字"图层并利用矩形蒙版工具框选文字区域。双击蒙版路径,单击选中文字左侧中间位置的调整点并向右侧拖曳,直到看不见文字并记录蒙版路径关键帧。然后将时间线移动到第4.5秒左右的位置,调整蒙版让文字出现,如图7-57所示。

图7-57

Step**06** 将时间线移动到第4秒左右的位置,单击选中"水墨"图层并按T键调出"不透明度"属性,将数值改为"0%"并记录关键帧。然后将时间线移动到第4.5秒左右的位置,将"不透明度"的数值调整为"80%"左右,如图7-58所示。

图7-58

3. 制作飞鸟动画

Step**01** 单击项目面板,将"鸟"素材拖曳到时间线面板并开启"3D图层",然后将"鸟"图层放在"调整图层 3"的下方。

Step**02** 将"水墨"图层的"位置"属性复制到"鸟"图层的"位置"属性上。

Step**03** 将"鸟"图层开始的时间线位置移动到第3秒左右,调整"鸟"图层的位置,让它在文本图层的后方,如图7-59所示。

图7-59

Step**04** 由于"鸟"图层的位置比较靠后,所以需要让图像变得模糊一些。单击选中该图层并添加"高斯模糊"效果器,将"模糊度"的数值调整为"7",增加图像的虚化效果,如图7-60所示。

图7-60

4. 制作水墨晕染动画

Step**01** 选中所有图层并按快捷键Ctrl+Shift+C制作预合成,将其命名为"基础合成"。

Step**02** 将时间线移动到第4.5秒左右文字快出现

的位置，单击选中"基础合成"图层并按快捷键Ctrl+Shift+D对图层进行拆分。

Step 03 在项目面板中，将"水墨"素材拖入时间线面板，并将该素材开始的位置拖曳到与文字快出现的位置对齐，然后单击选中"基础合成"图层并切换为"亮度遮罩"，如图7-61所示。

Step 04 新建一个纯色图层，利用矩形蒙版工具框选中间区域，然后勾选蒙版的"反转"，制作画面的遮幅效果，如图7-62所示。至此，案例制作完成。

图7-62

图7-61

7.7 课后练习：创建三维空间的文字穿梭动画

本章主要学习了三维动画和摄像机等相关功能，为了巩固本章所学知识点，课后需要完成以下作业。

利用多组文本图层搭建三维空间，文本图层以z轴向内延伸且排序错落有致。然后通过多视图制作摄像机文字穿梭动画，要求摄像机动画效果流畅并且灯光需要照射到每一个文本图层。

第8章 高级技术：画面跟踪技术与摄像机反求

本章将学习视频跟踪技术。通过视频跟踪技术，可以在实拍的视频中合成其他元素。在AE中，视频跟踪主要分为跟踪运动和跟踪摄像机两大板块，跟踪运动主要用于跟踪画面中某个特定的点，而跟踪摄像机可以求解出视频拍摄时相机的运动轨迹，从而完成特效视频的合成。

学习资料所在位置 | 学习资源 \ 第 8 章

8.1 跟踪运动：单点跟踪技术应用

当需要给视频中某个特定的位置添加其他元素时，可以通过跟踪运动技术跟踪视频中有明显特征的区域，然后将元素固定在此位置上。

8.1.1 添加跟踪器

打开本节的工程文件，在菜单栏选择"窗口 > 跟踪器"命令，如图8-1所示。

单击选中素材，在"跟踪器"面板中单击"跟踪运动"图标

，软件会自动切换到图层面板，同时在合成面板中会弹出跟踪器方框。里边的框代表跟踪区域，外边的框代表搜索区域，如图8-2所示。

图8-1

图8-2

> 📝 **提示**
>
> 通过拖曳跟踪区域边框和搜索区域边框上的点，可以控制两个区域的大小，因为视频是运动的，所以搜索区域要比跟踪区域的范围大。

8.1.2 属性面板

"跟踪器"面板的属性如图8-3所示。

图8-3

1. 运动源

"运动源"是指跟踪视频素材的文件名称。

2. 当前跟踪

单击"跟踪运动"图标后，"当前跟踪"会出现"跟踪器1"选项。再次单击"跟踪运动"，会出现"跟踪器2"选项，以此类推。当有多个跟踪器时，可以在此处切换。

3. 跟踪类型

"跟踪类型"一般设置为"变换"。可以通过勾选"位置""旋转""缩放"属性来控制需要跟踪的属性。

4. 运动目标

当跟踪完毕后，"运动目标"可以把跟踪数据应用给某个对象。

5. 分析

"分析"的图标从左至右分别为"向后分析1个帧" ◀▮、"向后分析" ◀、"向前分析" ▶和"向前分析1个帧" ▮▶。

8.1.3 跟踪器应用

假如想在人物耳朵部分合成其他元素，需要把跟

踪器方框移动到耳朵位置。在选择跟踪区域时，一定要选择画面信息中对比明显的区域。比如人物的耳道看起来是黑色的而其他区域是肉色的，它们的对比明显，这样才能在软件自动分析时更牢固地跟踪。跟踪区域选择完毕后，单击"向前分析"图标 ▶，如图8-4所示。

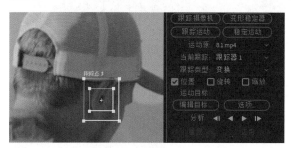

图8-4

由于视频是运动的，在跟踪时很有可能出现跟踪不上的情况，这时需要单击"暂停跟踪"图标 █，手动地将跟踪器移动到指定位置并再次进行跟踪，如图8-5所示。

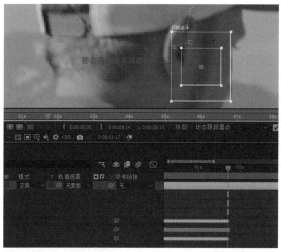

图8-5

> 📝 **提示**
>
> 跟踪完毕后，可以拖曳时间线查看跟踪点。如果发现跟踪出现偏移，可以手动修正跟踪点。

右击时间线面板空白处，新建一个空对象图层。在"跟踪器"面板单击"编辑目标…"图标 编辑目标 ，然后将目标图层选择为新建的空对象"空 1"图层，单击"确定"按钮，如图8-6所示。返回"跟踪器"面板后，单击"应用"图标 应用 。

图8-6

此时会弹出"动态跟踪器应用选项"对话框，在"应用维度"中选择"X和Y"选项，单击"确定"按钮，如图8-7所示。此时就将跟踪数据应用给了空对象"空 1"图层。

图8-7

此时空对象图层会跟着人物耳朵的部分一起移动，同时在空对象图层中也出现了关键帧，如图8-8所示。

图8-8

如果想让其他元素跟着人物耳朵的部分一起移动，只需要通过父子级关系进行链接即可。新建文本图层并输入文字"A"，将文本图层"A"的父级指定为空对象"空 1"图层，如图8-9所示。

图8-9

8.1.4　实例：给人物添加翅膀

在视频跟踪时，最重要的是跟踪区域的选择，只有跟踪稳定了，在合成特效元素时，才不会发生抖动的情况。

Step 01 在选择跟踪区域时，要选择同一个跟踪主体上对比明显的区域。注意不能选择人物边缘和背景的山峰这种对比明显的区域，因为它们不在一个主体上，在跟踪时很容易产生偏差，如图8-10所示。

图8-10

Step **02** 在背包上找明显的特征区域，比如背包上拉锁的拉头位置。将跟踪点移动到此处，单击"向前跟踪"图标▶，很快就完成了跟踪，并且跟踪非常稳定，如图8-11所示。

图8-11

📝 **提示**

此处只跟踪了5秒左右，因为通过裁剪只保留了5秒的合成。

Step **03** 新建一个空对象图层，在"跟踪器"面板单击"编辑目标…"图标 编辑目标 ，然后选择空对象"空 1"图层，接着单击"应用"图标 应用 ，将跟踪数据应用给空对象图层，如图8-12所示。

图8-12

Step **04** 在项目面板单击选择"翅膀"素材并拖入时间线面板，将"翅膀"图层的锚点移动到翅膀的左下角位置，然后将"翅膀"图层的"父级和链接"指定为"空 1"图层，如图8-13所示。

图8-13

Step **05** 单击选中"翅膀"图层，调整图层的"旋转""缩放"等属性，以匹配人物背后的位置，如图8-14所示。

图8-14

Step **06** 单击选中"翅膀"图层，按快捷键Ctrl+D复制一个图层。然后单击选中复制的图层，右击复制的图层，选择"变换>水平翻转"命令，调整两个翅膀的位置，如图8-15所示。

图8-15

8.2 跟踪运动：多点跟踪技术应用

单点跟踪和多点跟踪的区别在于，单点跟踪只能把某个元素固定在视频画面上或者跟着某些物体移动。而多点跟踪除了能完成单点跟踪的功能，还可以使添加的物体随着镜头的运动发生形变，并且能很好地匹配画面。

8.2.1 多点跟踪应用

选中视频素材，单击"跟踪运动"图标，当勾选"旋转"和"缩放"中的任意一个选项后，画面中会多出另外一个跟踪点。此时需要把另外一个跟踪点的跟踪区域也确定好，然后单击"向前跟踪"图标▶，如图8-16所示。

图8-16

新建一个空对象图层，在"跟踪器"面板单击"编辑目标…"图标 编辑目标 并选择"空 1"图层，然后单击"应用"图标 应用 ，将跟踪数据应用给空对象图层，如图8-17所示。

图8-17

　　新建一个文本图层，将文本图层的"父级和链接"指定为"空 1"图层，此时文字会随着人物的运动发生形变，如图8-18所示。

图8-18

📝 提示

　　当视频中只需要合成一个物体并且不想让物体产生形变时，可以使用单点跟踪来完成制作。如果想让物体和视频画面一起发生透视的变化，可以使用多点跟踪来完成制作。

8.2.2　实例：制作人物缩小效果

Step 01 打开本小节的工程文件，单击选中图层，在"跟踪器"面板单击"跟踪运动"图标 跟踪运动 ，将跟踪器方框移动到桌子上黑点的部分进行跟踪，如图8-19所示。

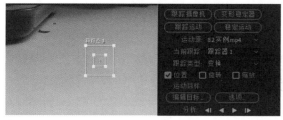

图8-19

Step 02 新建一个空对象图层，在"跟踪器"面板单击"编辑目标…"图标 编辑目标… ，选择空对象图层并单击"确定"按钮。然后在"跟踪器"面板单击"应用"图标 应用 ，将跟踪数据应用给空对象图层，如图8-20所示。

图8-20

Step 03 将项目面板中的绿幕素材拖曳到项目面板中的"合成"图标 上，通过新的合成完成人物抠像，如图8-21所示。

图8-21

Step 04 单击选中绿幕素材图层，在菜单栏选择"效果 > Keying > Keylight（1.2）"命令，添加抠像的插件。

Step 05 通过吸管工具吸取画面中的绿色。然后将"View（预览）"模式切换成"Screen Matte（屏幕蒙版）"，观察画面中的黑色和白色，如图8-22所示。

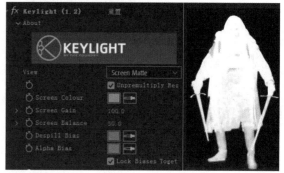

图8-22

Step 06 单击展开"Screen Matte（屏幕蒙版）"属性，然后调整"Clip Black（修剪黑色）"和"Clip White（修剪白色）"的数值，让画面中的黑色更黑，白色更白，如图8-23所示。

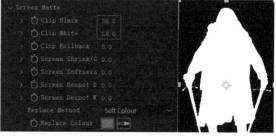

图8-23

Step 07 将"View（预览）"模式切换成"Intermediate Result（中间结果）"。此时发现人物边缘有绿边，在菜单栏选择"效果 > 抠像 > Advanced Spill Suppressor（高级溢出抑制器）"命令，将人物边缘的绿色移除，如图8-24所示。

图8-24

Step⑧ 返回"8.2实例"合成中，将刚才抠像的合成拖入时间线面板中。然后将该图层的锚点移动到人物的脚部，在右侧"属性"工具栏中调小"缩放"数值，将人物缩小，如图8-25所示。

图8-25

Step⑨ 将人物移动到跟踪点所在的位置，将人物图层的父级指定为"空 1"图层，此时人物就会与画面一起运动，如图8-26所示。

图8-26

Step⑩ 单击选中人物图层，按快捷键Ctrl+D复制一个图层。选中下层的人物图层并改名为"影子"，然后右击该图层，选择"变换＞垂直翻转"命令，将人物翻转，如图8-27所示。

图8-27

Step⑪ 在合成面板拖曳"影子"图层，让影子缩短一些。然后调整"影子"图层的"位置"和"旋转"属性，匹配画面的光影效果，如图8-28所示。

图8-28

Step⑫ 单击选中"影子"图层，在菜单栏选择"效果＞生成＞梯度渐变"命令，在"梯度渐变"面板中单击"交换颜色"图标 交换颜色 ，然后将白色调整为灰色，如图8-29所示。

图8-29

Step⑬ 为影子添加"快速方框模糊"效果器，将"模糊半径"的数值提高，然后降低该图层的"不透明度"，如图8-30所示。

图8-30

Step⑭ 现在人物的脚部阴影不够明显。新建一个纯色图层，将颜色改为黑色，并命名为"脚部阴影"。将"脚部阴影"图层移动到"影子"图层的下方，再将"脚部阴影"图层的"不透明度"降低，方便后续制作蒙版并作为观察使用。然后使用钢笔工具沿着人物脚部区域绘制蒙版，如图8-31所示。

图8-31

Step⑮ 将"脚部阴影"图层的"不透明度"数值调整为"100%"。然后将"蒙版羽化"的数值提高，制作影子的虚化效果，如图8-32所示。如果感觉影子偏实，可以降低"蒙版不透明度"的数值。

图8-32

Step⑯ "影子"和"脚部阴影"两个图层的颜色需要统一，通过调整这两个图层的"不透明度"数值来完成，如图8-33所示。

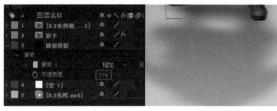

图8-33

Step 17 将"脚部阴影"图层的父级指定为"空 1"图层，此时"脚部阴影"也会跟着摄像机一起晃动，至此该实例就制作完成了，如图8-34所示。

图8-34

8.3 跟踪摄像机的使用方法

跟踪摄像机（也称摄像机反求）和跟踪运动有所不同。跟踪运动是2D跟踪，没有z轴可以调整。而跟踪摄像机是3D跟踪，可以在空间中添加物体。在影视特效合成中，跟踪摄像机是经常使用的跟踪技术。

8.3.1 使用跟踪摄像机

打开本节的工程文件，单击选中素材并在菜单栏选择"窗口 > 跟踪器"命令，在右侧"跟踪器"面板单击"跟踪摄像机"图标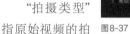，此时软件会对素材进行自动分析，如图8-35所示。

图8-35

当软件对素材解析完毕后，画面中会出现各种颜色的点。绿色表示跟踪非常稳定，浅绿色表示跟踪相对稳定，紫色和蓝色表示跟踪不太稳定，红色表示跟踪非常不稳定。所以，在选择跟踪点时应以绿色为主，如图8-36所示。

图8-36

8.3.2 3D摄像机跟踪器

"3D摄像机跟踪器"的属性面板如图8-37所示。

图8-37

1. 拍摄类型

"拍摄类型"指原始视频的拍摄类型，如果熟悉此选项的内容可以进行选择，如果不了解就使用"视图的固定角度"选项。

2. 显示轨迹点

"显示轨迹点"是指显示画面中各种颜色的点，当软件对素材解析完毕后，默认显示"3D已解析"。

3. 渲染跟踪点

当单击画面空白处后，画面中的跟踪点会消失。勾选"渲染跟踪点"选项后，这些跟踪点会一直保持在画面中。

4. 跟踪点大小

"跟踪点大小"可以用于调整每一个跟踪点的大小。

5. 高级

经过默认的跟踪解析后，如果视频跟踪结果不理想，可以单击展开"高级"属性进行详细调整，如图8-38所示。

图8-38

> **解决方法**：表示在解析素材时使用的方法，默认为"自动检测"模式。当"自动检测"的跟踪结果不理想时，可以通过切换"解决方法"的其他模式进行再次分析，可能会得到理想的结果。

> **详细分析**：勾选此选项后，软件会更加精准地分析素材。

8.3.3 摄像机命令选项

1.调出摄像机命令选项

将时间线移动到第45帧，然后将所有工作区移动到此处。右击工作区，选择"将合成修剪至工作区域"，如图8-39所示。

图8-39

按住Shift键并选择画面中三个绿色的点，此时地面会出现红色圆盘，圆盘的朝向代表新建平面后的平面朝向，如图8-40所示。

图8-40

当画面中出现圆盘后，右击圆盘，会弹出对应的命令选项，如图8-41所示。

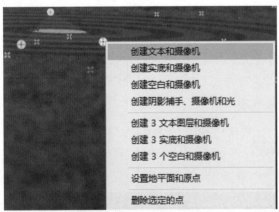

图8-41

2.命令选项

> **创建文本和摄像机**：用于在场景中添加文本图层和摄像机。

> **创建实底和摄像机**：用于在场景中添加纯色图层和摄像机，一般用于元素合成。

> **创建空白和摄像机**：用于在场景中添加空对象和摄像机。

> **设置地平面和原点**：用于以选中的地面作为坐标原点。

8.3.4 摄像机命令选项应用

单击选择"设置地平面和原点"命令，再次加选这几个绿色点。然后右击圆盘，选择"创建文本和摄像机"命令，时间线面板会添加文本图层和摄像机。接着单击展开文本图层的"变换"属性，会看到"位置"数值是"-0.0，0.0，0.0"的状态，这就是设置地平面和原点的作用，如图8-42所示。

图8-42

调整文字的轴向，让文字和地面匹配，然后将文本图层的"缩放"数值调小一些，如图8-43所示。

图8-43

根据需要对文字进行修改，这里将文字内容修改为"AE2024"。然后把文本图层的混合模式改为"柔光"，这时文字和地面能很好地融合，如图8-44所示。

图8-44

8.3.5 实例：城市科幻元素合成

在真实拍摄的视频中合成特效元素时，会用到跟踪摄像机的创建实底功能来确定空间中元素的位置，然后根据此元素位置来替换其他元素的位置。本小节利用这个技术，来完成城市科幻元素合成的制作。

1.添加跟踪点

Step01 打开本小节的工程文件，单击选中素材并在菜单栏选择"窗口＞跟踪器"命令。然后在右侧"跟踪器"面板中单击"跟踪摄像机"图标[跟踪摄像机]，在"3D摄像机跟踪器"面板单击展开"高级"属性并勾选"详细分析"选项，如图8-45所示。

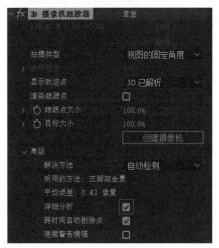

图8-45

Step**02** 把鼠标指针放在跟踪点上时，合成面板中会提示"没有来自三脚架全景解析的深度"，如图8-46所示。因为前景画面是水面，水面没有产生跟踪点，只有背景中有跟踪点，软件无法计算空间的深度。此时只需要在"3D摄像机跟踪器"面板中将"解决方法"切换成"最平场景"就能解决此问题。

图8-46

Step**03** 把"解决方法"切换成"最平场景"后，跟踪点会变得很小。此时将"跟踪点大小"的数值提高，方便观察画面，如图8-47所示。

图8-47

2. 设置摄像机命令

Step**01** 将画面放大，在需要添加特效元素的高楼上框选三个以上的绿色跟踪点，然后右击并选择"设置地平面和原点"命令，如图8-48所示。再次右击框选的跟踪点，选择"创建实底和摄像机"命令。

图8-48

Step**02** 由于实底太小无法观察，将实底的"缩放"数值调高，然后旋转轴向，让实底正向面对视图，如图8-49所示。

图8-49

3. 调整元素

Step**01** 在项目面板单击"可乐"素材并拖入时间线面板中，然后开启"3D图层"。将"跟踪实底 1"的"位置"和"方向"属性调出来，接着将"可乐"图层的"位置""方向"属性调出来。按住Shift键并选择"跟踪实底 1"的"位置"和"方向"属性，按快捷键Ctrl+C复制，单击选中"可乐"图层下的"位置"和"方向"属性，按快捷键Ctrl+V粘贴，如图8-50所示。

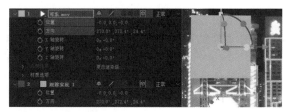

图8-50

提示

　　"位置"属性单独显示的快捷键为P。按快捷键Shift+R会显示"旋转"属性。在加选属性时，可以按住Shift键并单击要选择的属性。

Step 02 此时可乐素材太小，在合成面板中无法看到。单击选中"可乐"图层并将图层的"缩放"数值调高，此时画面中就能显示出可乐了，如图8-51所示。

图8-51

Step 03 如果想让可乐素材产生光晕效果，可以在菜单栏选择"效果＞风格化＞发光"命令。调整"发光"属性的数值就能让可乐素材产生光晕效果，如图8-52所示。

图8-52

Step 04 现在完成了一个元素的合成，如果还想添加其他元素，单击选中实拍素材，在左上角的"效果控件"面板中单击"3D摄像机跟踪器"效果器。然后框选其他楼房上绿色的跟踪点，右击跟踪点并选择"创建实底"命令，如图8-53所示。因为已经制作了摄像机，此时只会显示创建的实底。

图8-53

Step 05 调整实底的"旋转""缩放"等数值，让实底正向面对视图，如图8-54所示。

图8-54

Step 06 在添加可乐素材时，是通过复制数值的方法确定可乐的位置，现在通过替换的方式完成素材的调整。单击选中调整好的"跟踪实底 2"，在项目面板中找到需要替换的素材，按住Alt键并将其拖曳到实底图层上。这种方法可以快速地完成素材的替换，如图8-55和图8-56所示。

图8-55

图8-56

提示

　　如果想在此场景中合成其他元素，操作方法与上述步骤是一样的，大家可以自行合成其他元素。

8.4　综合训练：机器人实景合成案例

　　本节将完成机器人实景合成案例，通过对实拍素材进行摄像机反求，将特效元素合成到实拍场景中。

8.4.1 场景搭建

1. 添加跟踪器

Step 01 打开本节的工程文件，进入"课堂练习"的合成中，在项目面板中单击"机器人"素材并拖曳到时间线面板中，如图8-57所示。

图8-57

Step 02 单击选中实拍素材图层，在菜单栏选择"窗口 >跟踪器"命令。然后在右侧"跟踪器"面板单击"跟踪摄像机"图标 跟踪摄像机 ，在"3D摄像机跟踪器"面板单击展开"高级"属性并勾选"详细分析"选项，等待软件自动解析素材，如图8-58所示。

图8-58

Step 03 摄像机求解完毕后，一定要拖曳时间线观察画面中的点。选择三个始终保持在地面上的绿色点，然后右击选中的绿色点，接着选择"创建实底和摄像机"命令，如图8-59所示。

图8-59

Step 04 调整"跟踪实底 1"的"位置""旋转""缩放"

等属性，使实底和地面平行，如图8-60所示。

图8-60

2. 调整机器人素材

Step 01 将"机器人"图层移动到时间线面板的最上方，并开启"3D图层"。将"跟踪实底 1"图层的"位置"数值复制到"机器人"图层的"位置"中。然后将"机器人"图层放大，让机器人站立在实底上，如图8-61所示。

图8-61

Step 02 由于"机器人"图层是一个视频，机器人一直向纵深方向走动时会逐渐变小。当把机器人合成到三维场景中后，它变小的速度会非常快，这时需要手动干预。在"机器人"图层的"缩放"属性上记录关键帧。当机器人变小得特别快时，将"缩放"属性的数值调大，如图8-62所示。

图8-62

3. 调整飞机素材

Step 01 在项目面板中单击"飞机"素材并拖入时间线面板中，无须开启"3D图层"。然后调整"飞机"图层的"缩放"数值，如图8-63所示。

图8-63

Step 02 将飞机移动到画面的左上角，单击激活"飞机"图层中"位置"属性左侧的"码表"图标 位置 。将时间线移动到第1秒左右，将飞机拖曳到画面的右侧。接着框选两个关键帧并按F9键添加缓动效果，如图8-64所示。

图8-64

Step03 飞机在飞行时是以弧线轨迹进行移动的。选中两个关键帧，右击并选择"关键帧插值"选项。在弹出的"关键帧插值"对话框中将"空间插值"设置为"贝塞尔曲线"，如图8-65所示。

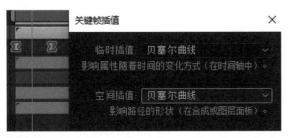

图8-65

📝 **提示**

"临时插值"用于控制物体移动的速度，当按F9键后，选项会自动变成"贝塞尔曲线"。"空间插值"用于控制物体移动时的路径，当切换为此选项后，可以调整物体的运动路径。

Step04 将"空间插值"切换为"贝塞尔曲线"后，飞机的路径上会多出调整角点，可以单击并拖曳角点来更改飞机的运动路径，如图8-66所示。

图8-66

Step05 单击选中"飞机"图层，按快捷键Ctrl+D复制一个图层。调整复制图层的第一帧和最后一帧的位置，让两架飞机在飞行位置上产生错位，并把复制图层的第一帧向后移动，让两架飞机在飞行时间上也产生错位，如图8-67所示。

图8-67

Step06 飞机在移动中应该是非常快的，此时将两个"飞机"图层都开启运动模糊，如图8-68所示。

图8-68

8.4.2　图层调色

Step01 单击选中"飞机"图层，在菜单栏选择"效果 > 颜色校正 > 曲线"命令。将RGB曲线向下拉，降低飞机的亮度。切换到"绿色"通道，将绿色曲线向上提，增加飞机的绿色，如图8-69所示。单击选中"曲线"效果器并按快捷键Ctrl+C复制，将效果器粘贴给另外一个"飞机"素材。

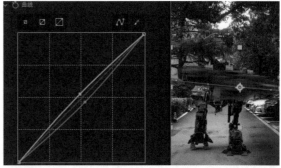

图8-69

Step02 单击选中"机器人"图层，在菜单栏选择"效果 > 颜色校正 > 曲线"命令。将RGB曲线向下拉，降低机器人的亮度。切换到"绿色"通道，将绿色曲线向上提，给机器人的外表增加一些绿色，如图8-70所示。

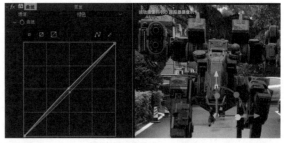

图8-70

Step03 现在的实拍素材过亮，需要对它进行调整。右击时间线面板空白处，选择"新建 > 调整图层"命令，将调整图层放在实拍素材的上方。然后在菜单栏选择"效果 > 颜色校正 > 曲线"命令，将RGB曲线向下拉，降低实拍素材的亮度。切换到"蓝色"通道，将蓝色曲线向上提，给画面增加一些蓝色，如图8-71所示。

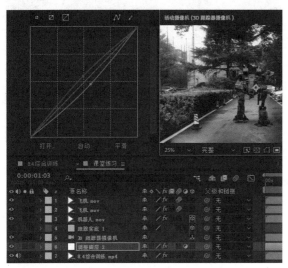

图8-71

8.4.3 制作第一人称视角效果

1. 制作蒙版

Step01 右击时间线面板空白处，选择"新建 > 纯色"命令，新建一个纯色图层，将图层颜色设置为黑色，并将图层位置移动到时间线面板最上方。

Step02 单击选中纯色图层，使用椭圆蒙版工具，将鼠标指针放在纯色图层锚点位置并拖曳，先按Shift键，再按Ctrl键，以锚点为中心绘制圆形蒙版，如图8-72所示。

图8-72

Step03 在"黑色 纯色 2"图层的蒙版属性里，勾选"反转"选项。如果圆形蒙版绘制得过小，可以调整"蒙版扩展"属性的数值，扩大蒙版图形，如图8-73所示。

图8-73

Step04 将"蒙版羽化"的数值调整为"5"左右，然后将"蒙版不透明度"的数值降低一些，这样就能在蒙版图形中看到下方图层的图像效果，如图8-74所示。

图8-74

2. 调整素材

Step01 在项目面板中将"第一视角"素材拖曳到时间线面板中，将该素材的"缩放"数值调小一些，直到能匹配蒙版图像的内圈。由于"第一视角"素材一开始看不见，之后逐步出现，所以需要将该素材的时间线向左侧拖曳一些，让"第一视角"素材在一开始就能看到，如图8-75所示。

图8-75

Step02 单击选中"第一视角"素材图层，在菜单栏选择"效果 > 生成 > 填充"命令，设置为任意填充颜色，这里设置的是黄色，如图8-76所示。

图8-76

Step03 在项目面板中单击"第一视角2"素材并拖曳到时间线面板中，将该素材适当缩放。这个素材也是一开始看不见，之后逐步出现，所以需要将它的位置也向时间线的左侧移动一些，让"第一视角2"素材一开始就能看到，如图8-77所示。

图8-77

图8-78

Step04 给"第一视角"和"第一视角2"素材添加"发光"效果器，让这两个素材更有科技感。至此，本案例制作完成，如图8-78所示。

8.5 课后练习：实拍素材并完成实景合成

本章主要学习了跟踪运动技术以及跟踪摄像机技术，通过这两个技术可以完成实景合成效果。课后需要完成以下作业。

实拍一段3秒以上的视频，然后在实拍场景中合成特效元素。元素可以是文字、图像或者其他素材。

综合实战：产品广告制作

本章要完成麦克风产品广告的制作，涉及从产品的拍摄及灯光的布置，到动画合成与剪辑输出。前期拍摄是一个非常重要的环节，不仅需要把控产品本身的光影和质感，还需要拍摄前置动画。如果前期将视频拍摄好，后期制作会节省很多时间。

学习资料所在位置	学习资源\第 9 章

9.1 素材拍摄与灯光布置

9.1.1 设备运用

拍摄素材使用到的设备有"索尼A7M4"微单相机、镜头24-70mm、两根LED灯管、100W主射光源、产品转盘，如图9-1所示。

图9-1

拍摄时将产品放在圆形转盘上，将灯管1放在圆形转盘的左侧，并将颜色调成紫色或者洋红色。将灯管2放在圆形转盘的右侧，并将颜色调成青色。在两根灯管后放置白纸，用于反射灯光，这样光线会显得更柔和。灯光颜色可以营造出科技感，如图9-2所示。

图9-2

9.1.2 场景布置

背景光调整完毕后，将主射光源放在右上45度角

的位置，照亮产品正面，如图9-3所示。

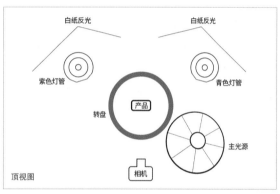

图9-3

9.1.3 拍摄内容

灯光调整完毕后，需要对产品部件进行逐一拍摄，此款麦克风包含充电盒、接收器、两个发射器，如图9-4所示。因为两个发射器是一样的，所以只需要拍摄三个主要部件。

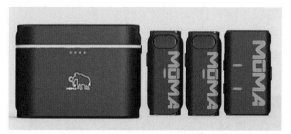

图9-4

圆形转盘是会转动的，所以每个产品部件拍摄两圈，拍摄时要确定产品的位置，便于拍摄完毕后在后期软件中匹配位置，如图9-5所示。

图9-5

在后期制作过程中，有一个镜头是充电盒盖子从开启状态到关闭状态，所以需要对此过程进行拍摄，如图9-6所示。这里使用圆规对盖子进行关闭，如果没有圆规可以使用细铁丝等工具。

图9-6

9.2 素材抠像

素材拍摄完毕后需要进行抠像处理，每个产品部件只需要出现1秒左右，所以需要对素材进行观察，每个产品部件仅需截取即将转动至正面的部分。

9.2.1 剪辑素材

Step01 在项目面板单击"发射器"素材并拖曳到时间线面板中，由于拍摄的素材是4K分辨率的画面，而合成是1080p，所以需要缩小素材来匹配画面，如图9-8所示。

图9-8

Step02 只需要1秒左右的产品展示时间。移动时间线，找到素材快要转动到正面的位置，按快捷键Alt+[，将素材左侧多余的部分裁剪掉，然后将素材对齐至第一帧，如图9-9所示。

图9-9

9.1.4 整理素材

拍摄完毕后对所有素材进行命名整理，方便后期制作，如图9-7所示。

图9-7

> **提示**
>
> 案例制作过程中会涉及某些品牌名称，我们对部分品牌名称和素材名称进行了更改，请以案例中的实际名称为准。

Step03 将时间线移动到"发射器"转到正面的位置，按快捷键Alt+]，将素材后边的部分裁剪掉，如图9-10所示。

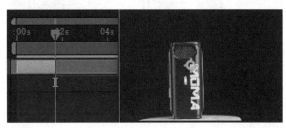

图9-10

> **提示**
>
> 其他几段素材也需要找到此位置进行裁剪。

9.2.2 抠像

Step01 将时间线移动到第一帧，使用钢笔工具沿着产品轮廓进行绘制，完成第一帧抠像，如图9-11所示。

图9-11

Step02 单击展开"发射器"图层的"蒙版"属性，在第一帧记录"蒙版路径"的关键帧。若此时蒙版妨碍观察，可以将蒙版的模式改为"无"，蒙版就只显露边界，便于调整，如图9-12所示。

图9-12

Step03 使用常规抠像方法需要逐帧抠取，效率较低。因此，应先确定第一帧，再将时间线移至最后一帧，调整蒙版路径，使路径包裹产品。确定首帧和尾帧，然后在中间位置再次添加关键帧，这样可以提高制作效率，如图9-13所示。

图9-13

Step04 接下来需要对尾帧进行调整。再次移动绘制点时，会整体移动蒙版路径，想要对单个绘制点进行精细调整，要先在路径上添加一个绘制点，然后按住Ctrl键单击删除该绘制点，再次单击选中其他绘制点，就可以调整单个绘制点了，如图9-14所示。

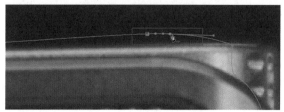

图9-14

Step05 将首帧和尾帧的蒙版路径调整好之后，接下来需要在中间位置添加关键帧。此时只有一些微小的区域没有匹配，简单调整匹配即可。利用这种中间添帧的方法很快就可以将产品抠取出来，如图9-15所示。

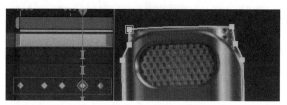

图9-15

Step06 在"发射器"图层的"蒙版 1"中，将模式改为"相加"。如果产品边缘有虚边，可以将"蒙版羽化"的数值提高一些，调整到"3"到"5"即可，如图9-16所示。

图9-16

9.2.3　匹配素材

Step01 在项目面板单击"接收器"素材并拖入时间线面板，将它的"缩放"数值调整为"78"左右，要和第一段"发射器"素材的大小匹配，如图9-17所示。

图9-17

Step02 将时间线移动到"接收器"即将转到正面的位置，按快捷键Alt+[进行裁剪，然后将它开始的位置对齐至第一帧，如图9-18所示。

图9-18

Step03 降低"接收器"图层的"不透明度"数值，移动时间线观察是否匹配第一段素材。然后将后面不需要的部分进行裁剪，如图9-19所示。

图9-19

9.2.4　渲染输出

Step 01　完成所有素材抠像后，将工作区移动到最短素材的结尾处，然后单击关闭上方素材的"眼睛"图标 👁，如图9-20所示。

图9-20

Step 02　按快捷键Ctrl+M打开渲染队列，单击"输出模块"右侧的链接项，弹出"输出模块设置"对话框。

将"格式"设置为"QuickTime"或"'PNG'序列"，"通道"设置为"RGB+Alpha"模式，然后将它保存到指定位置。此设置可以保留透明通道，如图9-21所示。

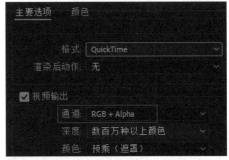

图9-21

9.3　产品动画合成

本节将完成产品动画的包装与制作。上一小节已经对所有的产品部件进行了抠像，同时抠取好的素材也放在了本节的"学习资源"文件夹中，可以随时调用。

9.3.1　制作镜头1

打开本节的工程文件，项目面板中的产品部件均是已经完成抠像的素材，同时包含了本节最终要完成的视频效果，如图9-22所示。

图9-22

1. 添加素材

Step 01　以最终视频效果为例，其中包含多个镜头，所以在新建合成时以镜头序号命名，方便后期查找。新建1080p合成并将合成命名为"1"，如图9-23所示。

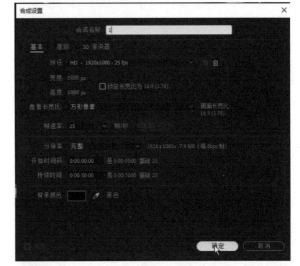

图9-23

Step 02　在项目面板中单击"盒子"视频并拖曳到时间线面板中，将"缩放"数值调整为"59"左右。然后将工作区修剪至4秒，并裁剪整个工作区，如图9-24所示。

图9-24

2. 制作冻结帧

Step01 将时间线移动到该素材正面的位置。单击选中"盒子"图层并按快捷键Ctrl+D复制一个图层，然后单击选中复制出来的素材，右击时间线，选择"时间 > 冻结帧"命令，将图层制作成静止的图像，用来填充后面的时间区域，如图9-25所示。

图9-25

Step02 将冻结帧素材填充至整个时间线，然后按快捷键Alt+[将时间线左侧素材裁剪掉，如图9-26所示。

图9-26

3. 制作图形和文字

Step01 在不选中图层的情况下，在工具栏找到椭圆工具，按住Shift键并在合成面板中绘制一个圆形。将圆形的位置和大小与产品灯光匹配，然后按快捷键Ctrl+D复制三个图层并对齐位置。由于灯光是依次出现的，所以让灯光每隔三帧出现一次，如图9-27所示。

图9-27

Step02 单击选中"形状图层 4"，在菜单栏选择"效果 > 风格化 > 发光"命令，给"形状图层 4"添加"发光"效果器，模拟科技感。然后单击选中"发光"效果器并按快捷键Ctrl+C，将效果器分别粘贴给其他三个形状图层，如图9-28所示。

图9-28

Step03 新建空对象图层，将所有图层的父级指定给"空 1"图层。将"空 1"图层的时间线移动至灯光结束后的位置，然后单击激活"空 1"图层中"缩放"属性左侧的"码表"图标，并记录关键帧。按5次Page Down键，将"缩放"数值调大，制作放大动画，如图9-29所示。

图9-29

Step04 新建一个文本图层，根据品牌输入名称。此处输入"mo ma"，将字母"mo"的颜色调整为黄色，将字母"ma"调整为白色。将文本图层的锚点居中，并让它对齐到画面的中间位置。然后将文本图层的父级指定为"空 1"图层，将时间线移动到空对象缩放动画的第一帧位置，单击选中文本图层并按快捷键Alt+[裁剪掉时间线左侧的区域，如图9-30所示。

图9-30

4. 调整画面颜色

Step01 新建一个调整图层，将"调整图层 1"移动到"盒子"图层的上方。单击选中"调整图层 1"，在菜单栏选择"效果 > 实用工具 > 应用颜色LUT"命令。在弹出的对话框中选择本节素材文件夹中的调色预设文件，如图9-31所示。

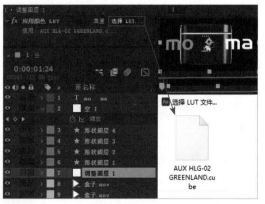

图9-31

Step 02 如果感觉调色预设文件的风格化太强，可以单击展开"调整图层 1"的"不透明度"属性，并把它的数值调整为"66%"左右，如图9-32所示。

图9-32

Step 03 此时背景是纯黑色，为了让画面更加和谐，需要新建纯色图层并将颜色改为暗紫色，然后将纯色图层移动到时间线面板的最下层，如图9-33所示。

图9-33

9.3.2　制作镜头2

1. 制作冻结帧

Step 01 新建合成，将合成名称改为"2"。在项目面板单击"开盖盒子旋转"素材并拖曳到时间线面板中，将其"缩放"数值调整为"65"左右，匹配合成大小。将时间线移动到盒子转到正面的位置，单击选中素材，右击时间线，再选择"时间 > 冻结帧"命令，将画面填充至整个合成，如图9-34所示。

图9-34

Step 02 在项目面板中将"发射器"和"接收器"素材拖曳到时间线面板中，分别将两个图层的"缩放"数值调整为"50"左右来匹配盒子的大小。然后移动时间线，分别找到发射器和接收器转到正面的位置并为它们添加"冻结帧"效果，制作成静帧。接着让它们填满整个合成，如图9-35所示。

图9-35

2. 调整素材大小

Step 01 现在调整"发射器"和"接收器"图层的位置与大小。此时发现发射器有点倾斜，按R键调出"旋转"属性，将"旋转"的数值调整为"0x+1.5°"并将

图层名字改为"左边"。然后选中"左边"图层并按快捷键Ctrl+D复制一个图层，将其移动到右侧，并改名为"右边"。接着将接收器移动到画面的中间位置，将"左边""右边""接收器"图层的"缩放"数值调整为"50"来匹配盒子的位置，如图9-36所示。

图9-36

> 📝 **提示**
>
> 当需要参考标尺来确定素材是否倾斜时，按Ctrl+R键可以把标尺调出来。单击并拖曳标尺可以拉取垂直和水平参考线。

Step 02 将"接收器"图层移动到"左边"和"右边"图层的中间位置，方便调整。

3. 制作素材动画

Step 01 单击选中"右边""接收器""左边"三个图层，按P键调出图层的"位置"属性，然后在第一帧激活三个图层"位置"属性左侧的"码表"图标。

Step 02 将时间线向右侧移动2~3帧，单击选中"左边"图层并调整"位置"属性的y轴数值，让图像向上移动。然后单击选中"接收器"图层并调整"位置"属性的y轴数值，让图像向上移动到比"左边"图层高一些的位置。接着选中"右边"图层并调整"位置"属性的y轴数值，让图像向上移动到比"接收器"图层高一些的位置。最后框选所有关键帧并按F9键添加缓动效果。

Step 03 动画制作完毕后，将"接收器"图层和"右边"图层的关键帧分别向右偏移两帧，如图9-37所示。

图9-37

4. 调整素材位置

Step 01 单击选中"开盖盒子旋转"图层，按快捷键Ctrl+D复制一个图层。将复制的图层移动到时间线面板的最上层，利用矩形蒙版工具框选盒子下半部分，让盒子遮盖发射器和接收器，如图9-38所示。

图9-38

Step02 新建一个空对象图层，将所有图层的父级指定为"空 2"图层。然后单击展开"空 2"图层的"旋转"数值，调整图像的旋转角度，如图9-39所示。

图9-39

Step03 将时间线移动到第一帧，单击选中"空 2"图层，将其移动到左下角，让产品出画。然后单击激活"空 2"图层"位置"属性左侧的"码表"图标 。接着将时间线向后移动几帧，移动"空 2"图层，让产品入画，如图9-40所示。

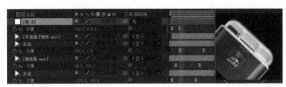

图9-40

> **📝 提示**
>
> 入画和出画分别代表进入画面和移出画面。

5. 制作文字动画

新建文本图层，输入产品名称，将主产品名称"LAMAX"的颜色设置为橙色。然后复制文本图层，输入表示产品特性的文字，将产品特性文字"一拖二麦克风"的颜色改为白色。文本图层是在动画出现后才显示的，移动时间线并找到此位置，单击选中文本图层并按快捷键Alt+[裁剪掉文本图层的左侧部分，如图9-41所示。

图9-41

6. 制作画面背景

新建纯色图层并将它移动到时间线面板最下层来制作背景。先单击选中纯色图层"深色 蓝色 纯

色 2"，在菜单栏选择"效果 > 生成 > 梯度渐变"命令，将"渐变形状"改为"径向渐变"，"起始颜色"改为黑色，然后将"渐变起点"移动到画面的左上角。接着把"结束颜色"改为深紫色，将"渐变终点"移动至画面的右下角，如图9-42所示。

图9-42

7. 添加调色预设

新建调整图层并将它移动到视频图层"开盖盒子旋转"的上方，在菜单栏选择"效果 > 实用工具 > 应用颜色LUT"，再次载入调色预设文件。接着将调整图层的"不透明度"数值降低，如图9-43所示。

图9-43

9.3.3 制作镜头3和镜头4

1. 调整素材

Step01 将新建合成命名为"3"，单击"确定"按钮返回合成"2"中，按住Ctrl键选中"接收器""左边"和"深色 蓝色 纯色 2"图层并按快捷键Ctrl+C复制，如图9-44所示。然后返回合成"3"中，按快捷键Ctrl+V粘贴。

图9-44

Step 02 由于图层是复制过来的，还需要对复制的图层进行整理。单击选中"接收器"和"发射器"图层，然后单击右上角"属性"面板中的"重置"，重置所有数值，如图9-45所示。

属性: 已选择 2 个图层

图层变换		重置	
锚点		1920	1080
位置		727	355.8
缩放		50 %	50 %
旋转		0x+1.5°	
不透明度		100 %	

图9-45

> **提示**
>
> 在合成"2"中把发射器的名字改为了"左边"，而在合成"3"中又显示了发射器的源名称。如果想让图层在另一个合成中显示更改后的名称，可以单击图层上方的"源名称"进行切换。

Step 03 按U键调出两个图层"位置"属性的所有关键帧，然后依次单击"位置"属性左侧高亮显示的"码表"图标 ，取消关键帧，如图9-46所示。

图9-46

Step 04 单击关闭"接收器"图层左侧的"眼睛"图标。单击选中"发射器"图层并调出"缩放"属性，将"缩放"的数值调整为"75"，把发射器素材放大一些，接着调出"旋转"属性，将"旋转"的数值调整为"0x+1.5°"，如图9-47所示。

图9-47

Step 05 单击选中"发射器"图层并按快捷键Ctrl+D复制一个图层。将复制的图层移动到时间线面板的最上层，在时间线面板单击打开"接收器"图层左侧的"眼睛"图标 ，按R键调出"旋转"属性并把数值调整为"0x+1.5°"。再按S键调出"缩放"属性并把数值调

整为"75"，如图9-48所示。

图9-48

Step 06 接下来通过工具栏中的选取工具移动三个图层的位置，调整画面的构图，如图9-49所示。

图9-49

2. 制作关键帧

Step 01 选中三个图层，按P键调出"位置"属性。将时间线向右移动，分别调整三个图层"位置"属性中y轴的数值，让画面呈现出中间高两边低的效果，然后记录"位置"关键帧，如图9-50所示。

图9-50

Step 02 将时间线移动到第一帧的位置，调整三个图层"位置"属性中y轴的数值，将它们向下移出画面，如图9-51所示。

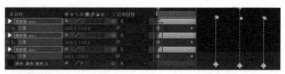

图9-51

Step 03 框选三个图层的关键帧，按F9键添加缓动效果。然后依次偏移关键帧，制作图像先后出现的效果，如图9-52所示。

图9-52

3.调整画面构图

新建一个空对象图层，将三个视频素材的父级指定为"空 3"图层，然后调整空对象图层的"缩放"和"位置"属性，调整画面的构图，如图9-53所示。

图9-53

4.添加调色预设

返回合成"2"中，单击选中"调整图层 2"图层并按快捷键Ctrl+C复制，然后返回合成"3"中，按快捷键Ctrl+V粘贴。直接把调色预设应用给合成"3"，如图9-54所示。

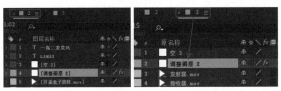

图9-54

5.制作文字动画

新建文本图层，添加说明文字。将时间线移动到麦克风弹出的位置，然后单击选中文本图层，按快捷键Alt+[将文字左侧区域裁剪掉，如图9-55所示。

图9-55

> **提示**
>
> 由于镜头4和镜头3的制作方法一样，此处省略镜头4的制作方法，效果如图9-56所示。
>
>
>
> 图9-56

9.3.4　制作镜头5和镜头6

1.调整素材

新建合成并命名为"5"。把项目面板的"接收器"素材拖曳到时间线面板中，将图层的"旋转"数值调整为"0x+1.5°"。返回合成"3"中将背景素材复制并粘贴到合成5中，如图9-57所示。

图9-57

2.添加文字

新建一个文本图层，输入产品特性相关文字。为了排版美观，需要将输入好文字的文本图层复制并移动至"DSP智能降噪"文字的下方，再修改为英文，如图9-58所示。文字输入好后可以移动麦克风调整排版效果。

图9-58

3.添加素材并调色

Step01 在项目面板单击"音频波形"素材并拖曳到时间线面板的"接收器"图层的下方，如图9-59所示。

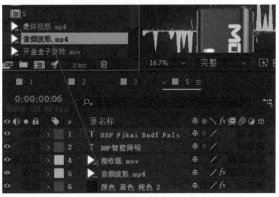

图9-59

Step02 单击选中"音频波形"图层，在菜单栏选择"效果＞颜色校正＞曲线"命令，将"蓝色"通道的曲线向上拉，增加图层的蓝色。然后在菜单栏选择"效果＞颜色校正＞三色调"命令，将"中间调"的颜色改为青色，如图9-60所示。

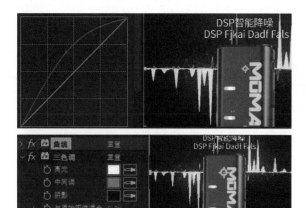

图9-60

Step**03** 返回合成"3"中，单击选中"调整图层 2"并按快捷键Ctrl+C复制，然后返回合成"5"中，按快捷键Ctrl+V粘贴，完成调色，如图9-61所示。

图9-61

提示

由于镜头6是在抠像素材下方直接添加了一个带有颜色的背景，合成思路比较简单，因此不多做讲解，效果如图9-62所示。

图9-62

所有制作好的镜头需要单独输出渲染，并以镜头序号命名，方便剪辑时进行查找。

9.4 剪辑配乐与输出

所有视频渲染输出完成后，需要导入剪辑软件中进行剪辑配乐，这里使用的剪辑软件是"Adobe Premiere Pro"（下面简称Pr），它是一款专业的视频剪辑软件。

9.4.1 导入素材

Step**01** 在本节的素材文件夹中，双击打开Pr工程文件，如图9-63所示。

图9-63

提示

如果想打开Pr工程文件，需要在计算机中提前安装Adobe Premiere Pro 2022及以上版本。

Step**02** 在项目面板中已经有导入好的素材文件，并以序号进行命名，依次将它们拖曳到时间线面板中并排列好，然后将音乐素材拖入音频轨道中，如图9-64所示。

图9-64

9.4.2 匹配音频和视频

Step**01** 按空格键播放视频，需要让每一个镜头的起始位置与音频重音部分进行衔接，达到重音转换镜头的效果，如图9-65所示。

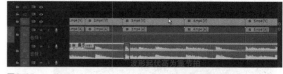

图9-65

Step**02** 经播放查看，发现盒子闭盖部分音频偏弱，需要利用原始视频素材的音效进行辅助，如图9-66所示。

图9-66

Step03 找到本节的素材文件夹，将"盒子闭盖"素材导入项目面板，并拖曳到时间线面板中，如图9-67所示。

图9-67

Step04 将时间线部分放大，找到盒子闭盖出现音频的部分，按C键对音频左右两侧进行裁剪，然后将左侧和右侧的多余部分按Delete键删除，如图9-68所示。

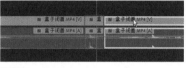

图9-68

Step05 单击选中裁剪后的片段，右击并选择"取消链接"命令，将音频和视频分离开，如图9-69所示。然后将视频片段删除，只保留音频部分。

图9-69

Step06 将提取出的音频移动到盒子闭盖的部分，与画面动作进行匹配。然后右击音频，会弹出"音频增益"对话框，将"调整增益值"的数值调整为"8"，如图9-70所示。

图9-70

9.4.3 制作文字动画

Step01 通过文字工具输入品牌名称，然后在"基本图形"面板中找到"对齐并变换"属性，将文字水平和垂直对齐，如图9-71所示。

图9-71

📝 **提示**

如果右侧没有"基本图形"面板，可在"窗口"菜单中选择"基本图形"，面板即可出现。

Step02 单击选中文字素材，设置"不透明度"关键帧，按住Ctrl键并单击直线添加一个点，时间线向右侧移动，再次按Ctrl键并单击添加一个点，向下拖曳，实现文字渐隐效果，如图9-72所示。至此视频剪辑就基本完成了。

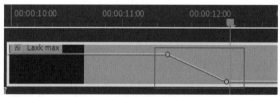

图9-72

9.4.4 视频输出

完成剪辑后，标记需要渲染的部分，按快捷键Ctrl+M进行输出。然后设置视频名称与存储位置等，完成视频内容的导出，如图9-73所示。

图9-73

175 ◀

第 10 章

AI 视频制作工具 Runway 应用实战

近年来，AI技术飞速发展并逐渐融入了人们的生活中。研发人员不断地完善和更新软件，AI的应用领域也日益广泛。由AI绘画技术掀起的一股热潮尚未平息，AI视频编辑工具的出现又吸引了人们的视线。

2023年3月20日，电影《瞬息全宇宙》的幕后技术公司Runway正式发布了一款具有AI功能的视频编辑工具Gen-2。Runway的用户不仅可以直接使用文本提示来生成逼真的视频内容，还可以利用强大的AI算法来处理视频素材，进行图像和视频编辑，甚至可以实现令人惊叹的特效合成。这一切都得益于Runway内置的各种先进的人工智能模型，如文本转视频、图像转视频、风格迁移、物体擦除、人物抠像模型等。随着时间的推移，2024年，Runway发布的Gen-3 Alpha Turbo（第三代模型，生成速度显著提升）与Gen-3 Alpha（第三代模型，生成效果逼真）模型也投入了使用。

通过Runway，用户无须使用复杂的视频编辑软件，也无须遵循烦琐的视频制作流程，就能快速创建出非常不错的视频效果。这使影视后期制作的门槛降低，为更多的视频创作者提供了广阔的创作空间。

Runway官方目前推出了免费体验的文生视频功能，用户在网页端和iOS移动端都可以免费注册账号并试用该工具。生成式视频一直被认为是AI视频界的奇点，Runway的出现无疑是一次革命性的突破。

本章将深入探讨Runway的功能及它对影视后期制作和创意领域的积极影响。接下来一起探索这个令人惊叹的AI视频编辑工具，并一同开启影视后期制作的新篇章吧！

学习资料所在位置	学习资源 \ 第 10 章

10.1 Runway 视频制作工具简介

本节将介绍Runway账号的注册方法，并讲解功能面板的应用等，让大家对这款工具有一个简单的认识。

10.1.1 Runway账号注册方法

1. 打开官网

如果想使用Runway视频制作工具，必须先注册对应的账号。先登录Runway的官方网站，如图10-1所示。

图10-1

> 📝 **提示**
>
> Runway是国外的AI视频创作平台，语言环境是英语。可以使用浏览器的翻译工具来完成注册以及后续的使用。

2. 注册账号

单击界面右上角的“Get Started（开始）”图标，进行账号注册，如图10-2所示。

RESEARCH
PRODUCT
STUDIOS
COMPANY
Get Started

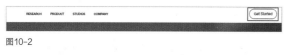

图10-2

注册账号有以下两种方式。

第一，使用快捷方式登录，如果有谷歌账号或者苹果账号都可以使用便捷登录方式，如图10-3所示。

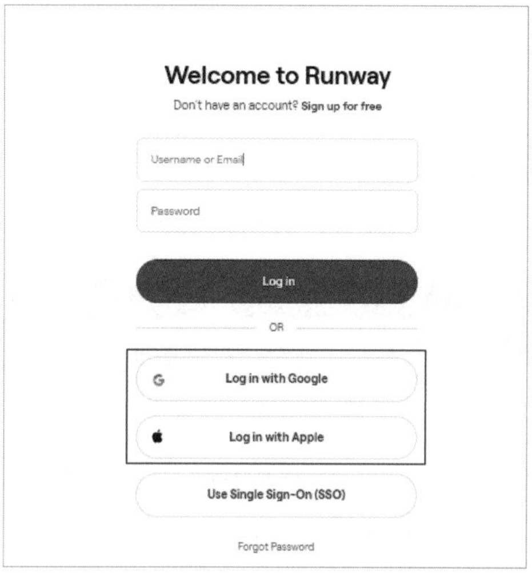
Welcome to Runway
Don't have an account? Sign up for free
Username or Email
Password
Log in
OR
Log in with Google
Log in with Apple
Use Single Sign-On (SSO)
Forgot Password

图10-3

第二，如果没有谷歌账号或者苹果账号，可以使用自己的邮箱进行注册。单击蓝色字体“Sign up for free（免费注册）”进入账号注册界面，然后输入自己的邮箱，接着单击“Next”按钮进入下一步，如图10-4和图10-5所示。

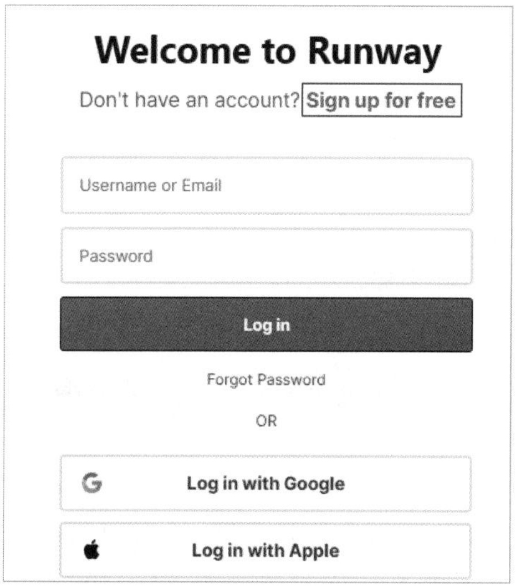
Welcome to Runway
Don't have an account? Sign up for free
Username or Email
Password
Log in
Forgot Password
OR
Log in with Google
Log in with Apple

图10-4

Create an Account
Already have an account? Log in
Enter Email Address 电子邮箱
Next
OR
Sign up with Google
Sign up with Apple

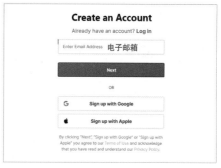

图10-5

3. 注册对话框

根据提示输入自己的用户名和密码，输入完毕后单击“Next”按钮进行下一步操作，如图10-6所示。

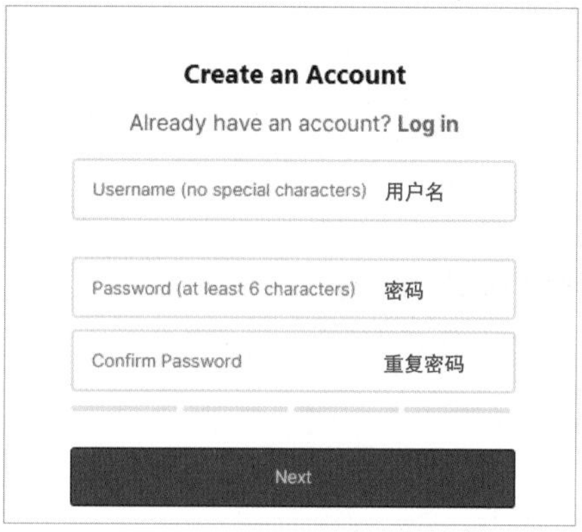
Create an Account
Already have an account? Log in
Username (no special characters) 用户名
Password (at least 6 characters) 密码
Confirm Password 重复密码
Next

图10-6

- Username（no special characters）：用户名（不要包含特殊字符）。
- Password（at least 6 characters）：密码（最少6个字符）。
- Confirm Password：重复输入密码。

单击“Next”按钮后，在弹出的对话框中输入自己的名字和所在机构。输入完毕后单击“Create Account（创建账户）”按钮进行注册，如图10-7所示。

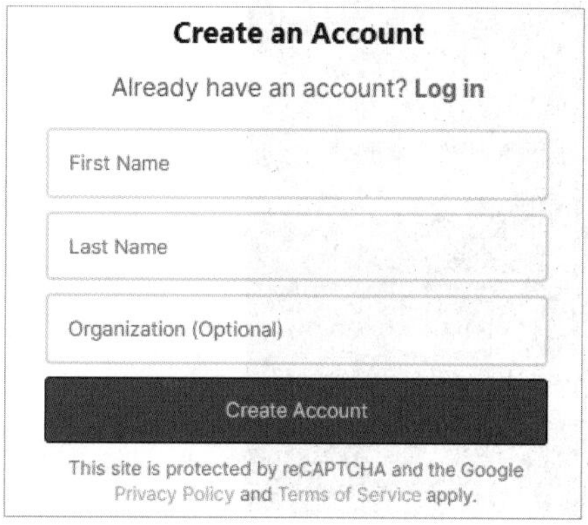
Create an Account
Already have an account? Log in
First Name
Last Name
Organization (Optional)
Create Account
This site is protected by reCAPTCHA and the Google
Privacy Policy and Terms of Service apply.

图10-7

→ **First Name：** 名字。

→ **Last Name：** 姓氏。

→ **Organization（Optional）：** 所在机构（选填）。

注册后平台会向你的邮箱发送一封邮件，进入自己的邮箱并单击邮件中的链接进行激活，就可以登录账号了。

📝 **提示**

> 因为服务器距离、访问数等因素，单击 "Create Account" 按钮后，接收邮件可能会有一定的延迟，请耐心等待。如果等待太久，建议先注册苹果账号，使用苹果账号快捷登录。

账号注册成功后，进入登录页面，输入刚才注册时设置的用户名或者邮箱并输入密码，然后单击 "Log in（登录）" 按钮即可登录Runway官方平台，如图10-8所示。

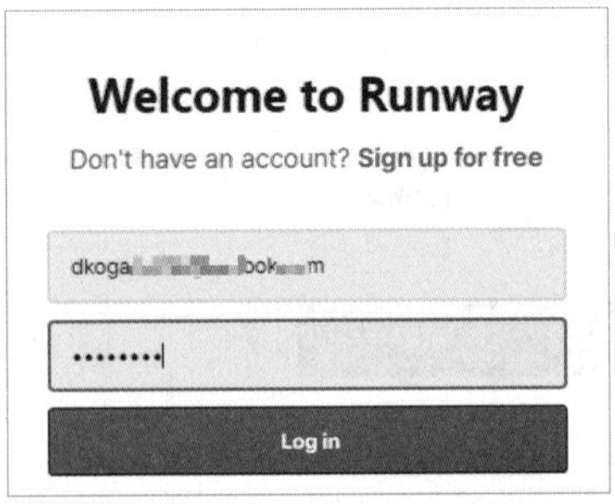

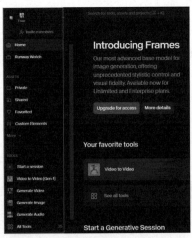

图10-8

10.1.2 Runway功能介绍

本小节将介绍Runway的功能面板以及各个功能的作用。正常登录Runway后可以看到图10-9所示的界面。

图10-9

1. 快捷功能区域

图10-9中，左侧红框标注区域为Runway的快捷功能区域，接下来将介绍各个功能代表的含义。

→ **Invite members：** 可以邀请其他人一起进行视频创作。

→ **Home：** 该板块包含了Runway的所有功能以及官方的视频教程，并在右侧以缩略图的形式进行展示。

→ **Runway Watch：** 利用Runway创作的作品的展示区域。

→ **Private：** 用户上传的图像及视频素材。

→ **Shared：** 共享资源文件夹。

→ **Favorited：** 收藏夹。

→ **Custom Elements：** 自定义元素面板。

📝 **提示**

> More表示更多板块，包含 "Video Editor Projects（视频编辑项目）" 以及 "Shared Projects"（项目分享）两部分功能。
>
> Video Editor Projects：使用Runway创建过的视频项目都能够在这里找到。
>
> Shared Projects：可以将制作好的项目分享给他人。

→ **Start a session：** 开始会话，直接进入文字或图像生成视频板块。

→ **Video to Video（Gen-1）：** 视频生成视频的功能区域，可以将拍摄好的视频进行风格转绘。

→ **Generate Video：** 文字或图像生成视频的功能区域。

→ **Generate Image：** 文字生成图像的功能区域。

→ **Generate Audio：** 通过文字描述生成音频的功能区域。

→ **All Tools：** 这里有Runway的所有工具，选中后在右侧以缩略图的形式进行展示。

2. Home主要功能

在左侧快捷功能区域单击 "Home" 图标 🏠 Home ，右侧界面会展现Runway的所有功能，包含Runway的介绍、"Your favorite tools（收藏的工具）" "Runway's AI Tools（Runway AI工具）" "Tutorials（教程）" 等功能，如图10-10所示。

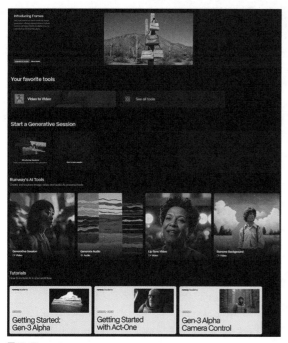

图10-10

"Runway's AI Tools"展示了Runway中所有的AI工具。单击界面右侧的"view all tools（展示所有工具）"，可以看到Runway提供的所有功能。

"Tutorials"是Runway官方提供的视频教程板块。需要注意的是，官方的使用教程全部上传到了国外的YouTube视频平台，国内用户无法访问观看。

📝 **提示**

随着软件版本的不断更新，操作界面会有变动，读者根据书中的思路举一反三即可。

10.1.3　免费功能与付费功能的区别

Runway AI视频创作平台包含多种功能，文字生成视频和图像生成视频等可以免费试用。有的功能需要付费使用，如视频人物擦除等。

登录账号后，界面右上角会显示用户名图标🇷，单击该图标会显示出更多信息。此时单击"Update Plan（升级计划）"图标，会显示付费计划，如图10-11所示。

图10-11

付费计划包含按月付费和按年付费，根据自己的需求选择相应的充值方式，如图10-12所示。

图10-12

注册账号后，默认是免费体验账号，该账号下默认赠送125积分，可以使用文字生成视频以及视频生成视频等功能，但只能生成4秒视频，只支持导出最高分辨率为720p的视频，并且生成的视频带有水印，最新Gen-3模型无法使用。

📝 **提示**

当使用某一个免费功能时，就会消耗对应的积分，积分消耗完毕后该免费功能就无法使用了。

积分消耗完以后需要付费使用Runway平台中的功能。以按月付费为例，当选择15美元的按月付费计划时，其中包含了625积分，视频生成视频的功能可突破4秒的限制，最高支持16秒的视频输出，最高支持导出4K视频文件。同时部分付费功能可以使用，比如擦除视频中的人物功能等。

充值完毕后，可以查看自己的积分以及会员到期时间。单击右上角用户名图标，选择"Manage your plan（管理计划）"就可以查看对应的付费类型以及剩余积分，如图10-13所示。

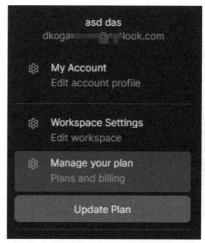

图10-13

10.2 文字及图像生成视频

通过上文的介绍，大家已经对Runway的账号注册、功能区，以及付费情况有了基本的了解。接下来着重讲解在Runway中对视频创作产生巨大影响的功能。比如输入文字就可以生成视频的功能，该功能基于Gen-2（第二代模型）或Gen-3 Alpha Turbo（第三代模型，生成速度快）模型来实现，如果是付费账号可以使用最新的Gen-3 Alpha（生成效果逼真）模型来进行测试。

10.2.1 功能介绍

1. 打开工作面板

打开Runway官网并进入工作区，在左侧快捷功能区域或者右侧缩略图中找到"Generate Video（生成视频）"工具，然后单击它进入工作面板，如图10-14所示。

图10-14

2. 面板介绍

"Generate Video"功能的工作面板非常简洁，如图10-15所示。

图10-15

→ **标注1**：显示剩余积分。

→ **标注2**：图像生成与视频生成切换按钮。

→ **标注3**：在工具栏中有多个选项，具体功能如下。

Prompt T Prompt：文字生成视频功能，默认显示的就是该板块，在"标注5"中直接输入提示词即可。

Camera Camera：控制生成视频运动的方向。

Cinematic Cinematic：控制视频生成的风格与样式。

16:9 16:9：控制视频生成的比例，包含"16:9""9:16""21:9"等常见视频比例。此功能只能用于文字生成视频。

→ **标注4**：单击"图像"图标，可以从本地计算机中上传图片；单击"Select asset（选择资源库中的文件）"图标 Select asset，可以在资源库中选择图像，用于图像生成视频。

→ **标注5**：使用图像生成视频功能时，当图像已上传完毕，单击"Camera Control（相机控制）"链接 Camera Control，可以控制视频的运动方向；单击"Motion Brush（运动笔刷）"链接 Motion Brush，可以控制图像的局部运动。这两个功能与左侧工具栏中的"Camera"图标 Camera 和"Motion Brush"图标 Motion Brush 的功能一致。当使用文字生成视频时，直接在此处输入英文提示词即可。输入提示词后，如果输入的提示词不规范，可单击"灯泡"图标，利用AI进行扩写。

→ **标注6**：在生成设置中的主要参数介绍如下。

Settings（设置）：用于详细设置生成参数。单击该图标会弹出视频生成的设置选项，如图10-16所示。

图10-16

General Motion（一般运动）：该数值越大，视频画面中的内容运动幅度越大，默认数值为5。

Resolution（分辨率）：当以文字生成视频时，可选择以720p或者2K分辨率导出视频。当以图像生成视频时，可以选SD（标清）或HD（高清）两种格式，免费用户默认只能导出 720p 的视频。

Prompt weight for preview images（预览图像提示词权重）：该数值越高，生成的视频越偏向提示词的内容，默认数值为 8.5。该功能只支持文字生成视频。

Fixed seed（固定种子值）：当生成两段视频时，如果想保证画面的相似性，可以把这个值设置成相同的数值。

Interpolate（插值）：勾选该选项可以让视频更流畅。

Negative Prompt for preview images（预览图像反向提示词）：在下面的框中可以输入不想让视频生成的内容。该功能只支持文字生成视频。

➡ **标注7：** 在此处可以对文字或图像生成视频的模型进行切换。默认显示为 Gen-2 模型 Gen-2 ，也可以使用 Turbo 模型 Turbo ，升级付费功能后可选择 Alpha 模型 Alpha 。

Free previews Free previews ：当视频参数设置完毕后，单击该图标，可以免费预览视频生成的结果。

Generate 4s Generate 4s ：用于生成最终视频，并扣除对应的积分。

➡ **标注8：** 项目命名与视频生成预览区域。单击"铅笔"图标 ，可以对项目进行命名，单击"Change folder"可以选择视频生成后保存的文件夹。设置完毕后，单击生成按钮，此区域可以预览生成的视频。

📝 **提示**

图 10-15 的界面布局有可能随着 Runway 版本的迭代更新发生一些变化，但大致的功能是一样的。

了解"Generate Video"的各项参数后，将进入实操环节，利用文字生成视频。

3. 文字生成视频的提示词书写形式

文字生成视频主要包含两种形式，一种为自然语句输入，另一种为提示词输入。接下来给大家解释一下这两种形式。

➡ **形式一**

自然语句举例：一只小狗奔跑在沙滩上。

➡ **形式二**

提示词举例："小狗""奔跑""沙滩"。

通过这两个例子大家可以看出，提示词表述是简

洁明了的，而且 AI 在识别这些信息时，生成的内容基本也是一样的。所以当通过 AI 生成视频场景的描述内容较多时，就可以用提示词的形式来进行描述。反之则用自然语句描述。

4. 描述提示词的规则

提示词之间需要用英文输入法的半角逗号隔开，最后一个词无须用逗号，比如"film, high resolution"。

除了描述要生成的内容，还可以添加一些关于风格质感或者氛围的描述词。比如"film（电影）""high resolution（高分辨率）"，那么生成的视频就会带有一些电影质感，分辨率也会有所提高。

可以从主体特征、场景特征、环境光照、构图等多个方面描述视频，如表 10-1 所示。当然这些提示词信息需要使用英文输入。

表10-1　视觉提示词描述

主体特征	场景特征	环境光照	构图	镜头类型
五官特点	室内	白天、夜晚	距离	浅景深
发型头饰	室外	春、夏、秋、冬	人物比例	光圈
面部表情	城市	日出、夕阳	视角	焦段
肢体动作	森林	影调、反差	景别	—

📝 **提示**

文字生成视频的两种形式没有强制性要求，自己感觉哪种方法更方便就使用哪种。

10.2.2　文字生成视频

接下来通过自然语句描述生成"一只小狗奔跑在沙滩上"的视频，并且可以在此文字后面加上"电影""高分辨率"两个提示词来提高视频的质量。

1. 添加提示词

将英文句子"A puppy running on the beach, film, high resolution"输入文本框中。如果感觉输入的提示词不够完整，可以单击右下角的"扩展提示词"图标 ，在原有句式上进行扩展，当然也可能会改变要生成视频的内容，如图 10-17 所示。

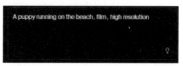

图10-17

2. 调整画面比例

单击"比例"图标 ，选择视频生成的比例，这里选择默认的"16：9"横屏视频，如图10-18所示。

图10-18

3. 设置画面风格

单击"Cinematic" 图标，其中内置了很多种视频风格，其中"35mm""3D Render"是写实风格，"3D Cartoon"是三维动画风格，大家可以根据自己的需求选择。这里选择"35mm"风格，如图10-19所示。

图10-19

> **提示**
>
> 当使用文字生成视频时，工具栏中控制风格的选项为"Cinematic"，且单击某个风格时左侧工具栏会显示对应的名字。在使用图像生成视频时，工具栏中的"Cinematic"变为"Style"。当切换比例时，对应的比例也会在左侧工具栏显示。

4. Camera窗口应用

在Camera窗口中可以控制视频生成后的运动方向。单击"Camera"图标 会弹出图10-20所示的面板。

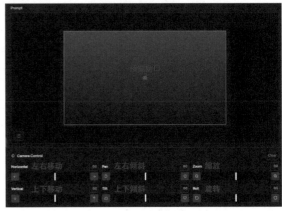

图10-20

> **提示**
>
> 当调整Camera窗口中的参数时，预览窗口会实时显示镜头的运动方向，最终生成的视频也会以该方向进行运动。当参数被调乱时，可以单击"Clear"图标 清除所有参数。

5. 控制视频运动幅度

将"Zoom（缩放）"的滑块向左侧拖曳，镜头向后拉动，让主体逐渐缩小，如图10-21所示。

图10-21

6. 生成视频

当所有参数都调整完毕后，单击"Generate 4s"图标 ，稍等片刻就会生成视频画面，如图10-22所示。如果开通了付费计划可尝试"Alpha"模型。

图10-22

> **提示**
>
> 当开通付费计划后，单击"Free previews"图标 Free previews ，可以生成四张静帧图像，选择一张效果比较好的图像再单击生成视频。没有开通付费计划则无法使用"Free previews"功能。

7. 下载视频

对于已生成的视频，单击"Actions"图标 Actions ^ ，可以进行不同的处理，具体功能如下。

- ➥ **Extend（延长）**：对生成的 4s 视频进行延长。
- ➥ **Lip Sync（唇形同步）**：通过音频驱动视频中的主体开口说话，这是 Runway 的新功能。
- ➥ **Video to Video（视频生成视频）**：对生成好的视频进行风格转绘。
- ➥ **Edit Video（编辑视频）**：对视频进行编辑。
- ➥ **Expand Video（扩展视频）**：对视频的画面进行延展。
- ➥ **Upscale to 4K（缩放至 4K）**：将视频分辨率调整至 4K。

以上大部分功能需要开通付费计划才能使用。如果想把视频下载到本地磁盘，可以直接单击"下载"图标 ，如图 10-23 所示。

图 10-23

10.2.3　图像生成视频

我们已经学习了文字生成视频功能，该板块中还包含一个神奇的图像生成视频功能，利用该功能可以完成很多 AI 预告片。

1. 上传图像

上传图像有三种方式：一种是在图像预览窗口单击"图像"图标 ，跳转到本地磁盘界面，然后单击上传一张图像；第二种是在图像预览窗口单击"Select assets"图标 Select asset ，在资源库中单击选择已经上传过的图像；第三种是单击"Create Image"图标 Create Image ，在 Runway 中通过 AI 生成一张图像，这种方法需要开通付费计划，如图 10-24 所示。

图 10-24

单击"图像"图标 ，在本地计算机中找一张图像上传。当图像上传完毕后，工具栏中的"Style"

"Aspect Ratio"功能图标无法使用，如图 10-25 所示。

图 10-25

2. 调整运动笔刷

如果想让图像产生整体运动，可以在 Camera 窗口中调整运动幅度。如果想控制图像的局部运动，需单击"Motion Brush"图标 Motion Brush ，进入运动笔刷面板手动调整，如图 10-26 所示。

图 10-26

> **提示**
>
> "Ambient"代表图像的空间关系，其数值越大代表越能控制离镜头近的物体，目前人物最近，其次是墙体，最后是火焰部分。利用这个参数并配合多组笔刷，可以调整画面的视差，从而控制图像的运动。

开启"自动检测区域" Auto-detect area 后单击图像，软件会自动框选检测到的图像范围，比如"胳膊""头发"等区域。如果图像框选范围多了，将"笔刷"图标 切换到"橡皮擦" ，再次单击框选范围就可以取消选择，如图 10-27 所示。

图 10-27

将"自动检测区域"功能关闭后，可以使用鼠标左键直接涂抹绘制，同时在下方可以调整笔刷的大小，如图10-28所示。

在"Motion Brush"面板中一共包含五组笔刷，不同的笔刷可以控制不同区域的画面运动，五组笔刷的颜色也不同。当画面需要多处运动时，可以配合多组笔刷及运动参数来完成，如图10-29所示。

图10-31所示。

图10-30

图10-28

图10-31

4. 生成动画

所有参数调整完毕后单击"Generate 4s"图标，稍等片刻，就可以看到背后的火焰以及人物的头发已经飘动起来了，如图10-32所示。

图10-29

3. 制作动画

重置所有参数，利用笔刷"Brush 1"绘制人物背后的火焰区域，然后调整"Vertical"的数值，让火焰向上移动。接着将"Proximity"的数值调小，让火焰远离镜头，将"Ambient"的数值调整为"1"，如图10-30所示。

单击笔刷"Brush 2"，绘制人物头发部分，让头发向右上方飘动。先将"Horizontal"的数值提高，再提高"Vertical"的数值，然后将"Proximity"的数值调整为负数，让头发向后飘动。因为头发比火焰离镜头更近，将"Ambient"的数值调整为"3"，如

图10-32

10.3　视频生成视频

Runway的视频生成视频功能是通过拍摄好的视频生成其他视频风格。比如要拍摄一座雄伟的山峰，传统的方法是到勘测景点进行实地拍摄，但这会消耗大量的时间和精力。通过视频生成视频功能可以解决这一难题。我们可以通过非常抽象或者具象的物体搭建一个小场景，这个场景中的物体可以是水杯、假山、瓶子等，通过AI的处理把这些物体变成山峰的感觉，这就是视频生成视频功能。

10.3.1　功能介绍

1. 打开工作面板

打开Runway官网，在左侧工具栏中找到"All Tools"功能并在右侧工具中找到"Video to Video（Gen-1）"，该功能基于Gen-1模型实现，如图10-33所示。

图10-33

2. 面板介绍

接下来详细介绍"Video to Video"的工作面板，如图10-34所示。

图10-34

➥ **标注1**

单击"云朵"图标🔼可以上传拍摄好的视频，普通用户最多可上传4秒，即使上传超过4秒的视频，系统也只默认处理前4秒，付费用户可上传15秒。

➥ **标注2**

此部分显示资源库，可以在此处找到通过Runway其他功能上传的素材。

➥ **标注3**

"Style reference"指视频风格样式，"Image"🔲Image表示上传图像后对原视频进行引导，"Presets"🔲Presets表示平台自带预设，"Prompt"🔲Prompt表示提示词引导。

> 📝 **提示**
>
> 在实际使用过程中，"Style reference"视频风格样式中用到最多的就是"Image"图像引导功能。运用此功能可以自定义任何图像并生成想要的效果，其他两项用到的次数非常少。

➥ **标注4**

Settings：设置功能，能设置生成视频的参数，单击"Advanced（高级）"Advanced可以展示完整的设置参数，如图10-35所示。

图10-35

Style: Structural consistency：表示风格一致性，生成的视频与参考图像、预设、提示词一致，默认数值为"3"。

Style: Weight：表示控制权重。数值越大，生成视频的内容越接近参考的图像、预设、提示词，默认数值为"8.5"。

Seed：表示随机种子。生成多组视频时，可以设置同样的种子数，保证画面主体一致。

Frame consistency：指帧一致性，即关联性，当数值低于1时，随着时间的推移，后面生成的视频的内容和参考图像的差距会越来越大。数值大于1时关联性加强。默认数值为"1"。

Upscale：分辨率加强功能，让视频更清晰，开通付费计划才能使用。

Remove watermark：移除水印功能，开通付费计划才能使用。

　　Affect foreground only：仅影响视频前景部分，背景不会改变。默认不勾选。

　　Affect background only：仅影响视频背景部分，前景不会改变。默认不勾选。

　　Compare wipe：用于生成对比效果。将原始视频和生成后的视频进行对比，默认不勾选。

　　Free previews：生成四组预览画面，此功能不扣除积分，仅用于预览。

　　Generate：生成最终视频，扣除相应积分。

10.3.2　实例：制作科幻色彩的山体效果

1. 上传视频

Step01　在预览区域单击"云朵"图标 并上传一段视频，如图10-36所示。如果未开通付费计划，请先通过剪辑软件将视频裁剪成4秒后再进行上传。

图10-36

Step02　视频上传后会加载一会儿，加载完毕后会在预览区域显示上传的视频内容，如图10-37所示。

图10-37

Step03　如果想把这个视频的主体转换成带有科幻色彩的山峰，需要找到对应的参考图像。图像可以通过搜索引擎查找，或者通过AI绘图工具进行生成。找到图像后，只需单击"Image"分类下方的"Upload"图标 上传即可，如图10-38所示。

图10-38

Step04　图像上传以后，单击该图像，图像就会加载到对应面板，如图10-39和图10-40所示。

图10-39

图10-40

2. 设置视频参数

Step01　单击展开"Advanced" 才能看到完整的设置参数，如图10-41所示。

Step02　设置参数可以保持默认。如果想让视频内容更像参考图像，可以将"Style: Structural consistency""Style: Weight"和"Frame consistency"三个数值提高，但不要超过默认的最高数值，如图10-42所示。将鼠标指针放在对应数值后方的叹号图标 上，可以查看该数值的设置范围。

图10-41　　　　　　　　图10-42

3. 预览画面

参数设置完毕后，单击"Free previews"图标 Free previews 生成预览画面。如果第一批次生成的效果不满意可以再次对参数进行调整，调整完毕后再次单击"Free previews"图标 Free previews ，生成视频预览画面，直到调试出满意的效果为止，如图10-43所示。

图10-43

4. 生成并下载视频

Step 01 预览生成的画面后，挑选一张自己喜欢的图像，然后将鼠标指针放在该画面上，单击"Generate"图标 Generate 就可以生成视频内容，如图10-44所示。

图10-44

Step 02 视频生成后可单击右上角的"下载"图标 ，将视频下载到本地磁盘，如图10-45所示。

图10-45

📝 **提示**

通过该功能生成视频时，需要找到对应的参考图像，图像质量越好，对生成视频的引导效果就越好。如果有多组镜头，也是重复刚才的步骤完成视频画面的生成，所有镜头生成完毕后通过剪辑软件把视频画面剪辑成片。

除了图像引导，平台还提供了大量的预设效果，单击"Presets"图标 Presets 就能看到所有的预设。在此板块无须上传图像，直接使用平台提供的预设即可生成视频，如图10-46所示。

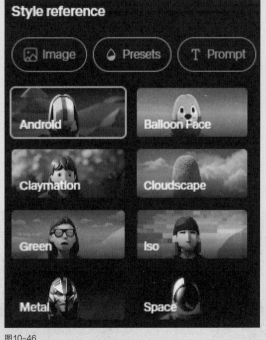

图10-46

"Prompt"功能目前不太可控，所以不建议使用。

10.4 AI抠像快速删除视频背景

视频抠像一直是影视后期工作流程中的重要一环，传统的视频抠像包含蓝、绿幕抠像，在电影拍摄与后期制作中用得非常多，这种抠像工作需要花费很高的成本。随着AI技术的发展，很多平台开始搭载AI抠像模型，Runway就包含了此项功能。目前来说，AI抠像的技术还没有发展到影视级别的程度，但是应对一些普通的视频制作是完全没有问题的。

10.4.1 打开背景移除界面

打开Runway官网，在右侧找到"Remove Background（背景移除）"功能，如图10-47所示。

图10-47

> **提示**
>
> Runway的免费用户可以使用三个视频编辑项目，如果超过三个，再使用其他工具时可能会提示先升级成会员才能继续使用。

10.4.2 功能介绍

1.上传素材

背景移除界面非常简洁，单击"Upload"图标■，可以在计算机本地上传自己的素材。单击"Assets"图标■，可以看到原来上传过的所有素材，如图10-48所示。

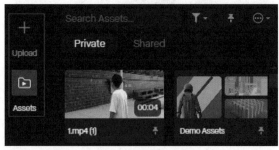

图10-48

素材上传完毕后，视频素材会在"Assets"区域显示。将视频素材拖入素材预览面板，等待素材加载，

如图10-49所示。

图10-49

2.人物抠像

视频加载完毕后，单击"Preview（预览）"图标■可以完整地预览素材，或者用鼠标拖曳红色的指示器■进行手动预览素材。在素材预览的过程中找到一帧人物完整的画面，然后单击人物并添加定位点，直到人物完全被绿色包裹，此时说明人物已经被完全选中，如图10-50所示。

图10-50

> **提示**
>
> 单击人物时，可能会出现加载过慢的情况，需要耐心等待。在人物中只添加一个点，有时可能无法完全选中人物。此时只需要在没有选中的区域再次添加点，让绿色完全包裹人物即可。

人物完全被绿色包裹后，单击"Preview"图标■再次预览视频，确保视频中人物的每一帧画面都被绿色包裹，如图10-51所示。

右侧面板提供了两种控制模式："Include（包含）"模式和"Exclude（排除）"模式。默认为"Include"模式，即绿色包裹人物，如图10-52所示。

图10-51

图10-52

当切换到"Exclude"模式后，可以在画面上删去绿色区域。例如，单击多选的区域，将其删去，如图10-53所示。

图10-53

> 📝 提示
>
> 一般很少用到"Exclude"模式，使用"Include"模式就能快速地选中人物。

单击"Refine"参数右侧的笔刷图标■可以设置笔刷的大小，数值越大笔刷越大，单击人物时所选择的面积也就越大。一般情况下保持笔刷数值默认就可以了。笔刷数值下方有一个"Feather（羽化）"参数，该数值越大，绿色边缘越柔和，可以根据不同的视频素材调整该数值，如图10-54所示。

图10-54

3. 预览并导出

在"View（预览）"模式中有三种预览模式：第一种"Overlay（覆盖）"模式，表示人物被绿色包裹住，该模式为默认模式；第二种"Preview（预演）"模式，背景变成绿色；第三种"Alpha Channel（Alpha通道）"模式，将人物填充为白色，背景填充为黑色，如图10-55所示。

图10-55

> 📝 提示
>
> 图10-55中，人物有多个绿色圆点，但当导出最终视频后，这些绿点就会消失。

视频预览完毕并确认没有任何问题后，单击右上角的"Export"图标进入导出选项面板，如图10-56所示。

4. 导出选项面板

→ **Name**：可以输入该视频的名称。

→ **Background Color**：用于更改背景颜色，一般默认选择绿色即可，绿色方便后期去除。如果有特殊要求可以自定义颜色进行导出。

图10-56

➥ **Export Matte**：指导出蒙版，当勾选此选项后，画面变成 Alpha Channel 模式，用于在 AE 中进行蒙版抠像，同时 Background Color 将不再启用。

➥ **Resolution**：指分辨率，如果没有开通付费计划，默认只能导出 720p 视频，开通付费计划后可以根据视频导入的分辨率进行导出。比如导入的视频分辨率为 1080p，那么导出视频也可以选择 1080p。

➥ **Format**：视频格式，默认为 MP4，如果要导出 ProRes 或者 PNG 格式，则需要开通更高付费计划。

➥ **Include Audio with Export**：勾选此选项后，如果视频中包含音频，音频也会被导出。

导出视频后，返回首页，单击"Private"图标 Private 就可以看到处理好的视频文件。单击视频可以预览播放或把处理好的视频下载到本地磁盘，如图 10-57 所示。通过 AE 软件可以进行抠像处理，非常便捷。

图10-57

5. 文字包装效果

将 AI 处理好的视频素材以及原始视频素材导入 AE 中，并建立新的合成。原始素材在时间线面板的最下方，绿幕素材在上方，如图 10-58 所示。

图10-58

单击选中图层"2"，在菜单栏选择"效果 > Keying > Keylight（1.2）"命令，将抠像插件添加到图层"2"

中，如图 10-59 所示。

图10-59

使用吸管工具吸取屏幕上的绿色，可以一键把画面中的绿色去除，如图 10-60 所示。

图10-60

> **提示**
>
> 时间线面板中包含了两个图层，上层为绿幕素材，下层为原始素材。当去除了上层素材的绿色后，还是保持了原始画面的效果。这时可以利用图层关系制作一些文字包装效果。

新建文本图层，输入需要展示的文字内容，将文本图层放在图层"1"和图层"2"的中间。然后可以发现人物背后出现了文字，这是一种常见的文字包装效果，如图 10-61 所示。

图10-61

10.5 结合 AE+Runway 擦除多余物体

上一节学习了如何通过 Runway 进行视频抠像，其实在后期工作流程中还需要掌握另外一项技能，即擦除视频中的物体。在影视剧中经常会看到一些吊威亚的拍摄画面，演员吊着钢丝在天空中飞来飞去，在后期制作环节就需要把这些钢丝擦除，这种擦除工作

也需要消耗大量的人力。

随着传播媒介的变化，这项技术有了越来越多的制作需求，非视频制作行业的人群很难完成此项工作。因此很多平台也推出了 AI 擦除的功能，为广大视频创作者提供了便利。

10.5.1　调整原视频

1. 打开工作面板

进入 Runway 官网后，在快捷功能区域单击 "All Tools" 图标 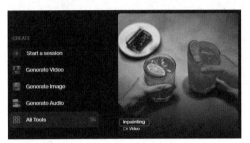，然后在右侧缩略图中找到 "Inpainting" 修补工具，进入该功能面板，如图 10-62 所示。

图10-62

> **📝 提示**
>
> 图像修补功能面板和背景移除功能面板极为相似，二者大部分的参数也非常相似。特别提醒，Runway 的免费账号只能体验三个视频编辑项目，超出三个项目后需要开通付费计划才可以继续使用。

2. 加载视频

进入功能面板后，需要上传视频或者从资源库中将原来的视频直接拖入视频预览区域，如图 10-63 所示。

图10-63

3. 擦除人物

视频加载完毕后，同样需要对该视频进行预览，预览的目的是防止在擦除视频时发生视频卡顿的情况。如果想擦除视频中的人物，就需要将笔刷设置成 "Include（包含）" 模式，如果擦除人物的面积过大，可以调大笔刷，方便处理，如图 10-64 所示。

图10-64

> **📝 提示**
>
> 在绘制需要擦除的人或者物体时，需要选择 "Include（包含）" 模式，将鼠标指针移动至人物区域，用鼠标左键涂抹人物，直到人物完全被覆盖。

涂抹人物时很有可能绘制出多余的区域，这时只需要把 "Include（包含）" 模式切换为 "Exclude（排除）" 模式，再把多余的区域擦除即可，如图 10-65 所示。

图10-65

4. 预览结果

人物涂抹完毕后，还看不到擦除的结果。此时只需要将 "View（预览）" 模式切换为 "Result（结果）" 模式即可看到擦除人物后的最终结果，如图 10-66 所示。

图10-66

> **📝 提示**
>
> 当绘制人物时，一定要将 "View（预览）" 模式切换为 "Mask（遮罩）" 形式。这样在绘制完第一笔后就可以看到绘制的区域，便于修改。当人物完全绘制完毕后，切换到 "Result（结果）" 模式，然后拖曳时间指示器，每拖曳一下画面就会加载一次。此时只需要耐心等待结果，或者直接单击画面中的 "Preview（预览）" 图标 ，让系统完整地预览一遍，查看最终的结果，如图 10-67 所示。

图10-67

5. 导出并下载

视频擦除完毕并检查没有问题后，单击右上角的导出图标 Export ，将视频导出，如图10-68所示。

视频导出后，需要返回首页，单击"Private"图标就可以看到处理好的视频文件。然后单击对应视频文件，并单击"下载"图标 ，就可以把处理好的视频下载到本地磁盘，如图10-69所示。

图10-68

图10-69

> 📝 **提示**
>
> AI移除功能在面对简单素材时，处理效果非常好，如果遇到遮挡或者背景比较复杂的素材就很容易产生穿帮镜头。这时就需要借助AE来完成修补，但AE修补也不可能做到毫无移除痕迹。这项技术应对综艺节目中需要擦除人物的情况是完全够用的。

10.5.2 修复缺失素材

1. 跟踪素材

经AI移除处理的素材中，有部分画面出现了缺失，如图10-70所示。

图10-70

将"移除后"素材导入AE中，并新建合成。然后单击选中该素材并添加"3D摄像机跟踪器"效果器，展开"高级"选项，将"解决方法"设置为"最平场景"并勾选"详细分析"，如图10-71所示。

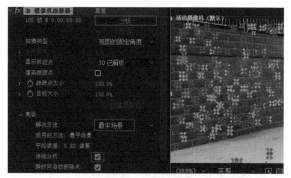

图10-71

> 📝 **提示**
>
> 由于该素材是通过AI移除处理后的视频，原始画面遭到了破坏。此处通过"3D摄像机跟踪器"求解出来的数据可能存在一点偏差，不过影响并不大。我们也可以通过手动调整的方式修复画面。

移动时间线并找到电线杆快要消失的位置，然后框选电线杆附近的跟踪点，右击框选的跟踪点并选择"创建实底和摄像机"命令，如图10-72所示。

图10-72

创建实底后，实底的方向可能没有与电线杆的方向平齐。需要在时间线面板单击选中实底，按R键调出"旋转"属性并调整参数，让实底和电线杆的方向平齐，如图10-73所示。

图10-73

每个人创建的实底颜色可能都不一样，不必纠结此项。我们要根据画面来调整"旋转"数值，不要死记硬背数值，具体问题具体对待。实底方向调整完毕后，可以移动时间线，查看一下实底有没有产生浮动，如果没有浮动，则证明跟踪比较稳定。

2. 制作冻结帧

将"移除后"素材再次拖入时间线面板并放在最顶层，然后移动时间线，找到电线杆完全出现的画面，右击时间线并选择"时间 > 冻结帧"命令。此时该素材就变成了一张静止的图片，如图 10-74 所示。

图 10-74

单击选中冻结帧图层并激活该图层左侧的"独显"图标，使用钢笔工具沿着电线杆的轮廓进行绘制，把电线杆完整抠取出来并将"蒙版羽化"的数值设置为"5"至"8"，如图 10-75 所示。

图 10-75

单击选中冻结帧图层并按快捷键 Ctrl+Shift+C，将该图层制作成预合成，然后把名称改为"静止帧"并勾选"预合成"对话框最下方的两个选项，如图 10-76 所示。

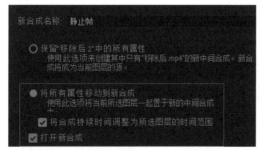

图 10-76

3. 裁剪合成

这时"静止帧"合成已经被打开，接下来需要对该合成进行裁剪，且只需要裁剪电线杆的部分。这样操作也是为了后期方便对齐电线杆的位置。单击"目标区域"图标并框选电线杆区域，如图 10-77 所示。

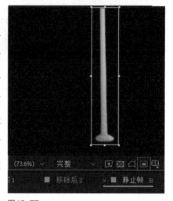

图 10-77

在菜单栏选择"合成 > 裁剪合成到目标区域"命令，合成便裁剪完毕，如图 10-78 所示。

图 10-78

4. 调整位置

返回"移除后"总合成，单击关闭冻结帧图层前的"独显"图标，然后单击选中"静止帧"合成并按 Y 键切换到锚点移动工具，将锚点移动到电线杆的最底部，如图 10-79 所示。

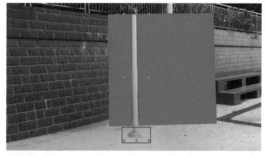

图 10-79

单击关闭"跟踪实底 1"左侧的"眼睛"图标，不显示"跟踪实底 1"图层，并为"静止帧"图层开启"3D 图层"，如图 10-80 所示。

图10-80

单击选中"跟踪实底 1"和"静止帧"图层，按P键调出两个图层的"位置"属性，然后单击选中"跟踪实底 1"的"位置"属性并按快捷键Ctrl+C进行复制。接着单击选中"静止帧"图层的"位置"属性并按快捷键Ctrl+V粘贴，将"跟踪实底 1"的"位置"数值复制到"静止帧"的"位置"属性中，如图10-81所示。

图10-81

> **提示**
>
> 此时"静止帧"图层的电线杆位置并没有完全匹配上原图，需要手动调整。

通过调整"静止帧"图层的"位置""旋转""缩放"等属性，使它完全和电线杆进行对位。调整的数值没有固定值，需要根据画面需求调整，如图10-82所示。

图10-82

经AI移除处理后，电线杆部分缺失的视频时间在1秒15帧到3秒10帧之间，所以需要对"静止帧"素材进行裁剪，只保留缺失的部分，如图10-83所示。

图10-83

> **提示**
>
> 此时移动时间线可能会发现"静止帧"素材没有对准原始电线杆位置。可以再次调整"静止帧"素材的"旋转"属性，直到对准电线杆位置。如果移动视频前半段的"旋转"属性后，后半段的电线杆位置对不上了，可以给"旋转"属性制作关键帧来解决此问题。

经AI移除处理的素材，只有下半部分电线杆缺失，为了减少穿帮问题，"静止帧"素材可以只保留下半部分，将上半部分移除。进入"静止帧"合成，将原有的蒙版向下拖曳，如图10-84所示。

图10-84

调整完毕后返回主合成。这时就会看到电线杆缺失的部分被修复了，如图10-85所示。

图10-85

> **提示**
>
> 此修复方法只能应对相对简单的场景，并不能达到完美复原。如果想达到完美的修复效果就需要借助更加专业的工具，比如"Mocha""Silhouette"等工具。

10.6 综合训练：AI矿泉水概念广告

前面学习了Runway的文字及图像生成视频、视频生成视频、人物抠像、物体擦除等主要功能，接下来将通过AI生成一段创意广告视频。

10.6.1　前期准备

1. 确定视频主题

制作一个矿泉水的概念广告，需要先确定视频的主题。故事梗概是一个人在寻找着什么东西，突然画面转到太空，人物变成宇航员。他在某个星球不停拨开土壤，这时出现一瓶矿泉水，之后出现"源于太空·品质不凡"字样。

2. 准备拍摄素材

Step01 根据画面需求拍摄几段素材，如果有拍摄方面的经验可以考虑一下视频运镜等镜头语言。未付费用户只能生成 4 秒的视频，所以需要在前期进行剪辑，把视频时间裁剪成 4 秒，如图 10-86 所示。

图 10-86

Step02 准备引导图像素材。这部分素材可以通过 Photoshop 软件来完成，或者通过 AI 绘图工具来完成，如图 10-87 所示。

图 10-87

素材准备完毕后，下面通过 Runway 的视频生成视频功能或者图像生成视频功能完成 AI 视频的创作。

> **📝 提示**
>
> 通过视频生成视频功能制作出来的视频画面会更富有想象力。而通过图像直接生成视频，视频内容会与参考图像更加相似，但需要提前生成好所需的图像，大家可以根据需求进行测试。

10.6.2　制作视频

1. 调整视频

Step01 打开 Runway 视频生成视频功能，将视频内容上传，并上传对应的参考图像，视频内容序号和参考图像序号逐一对应，如图 10-88 所示。

图 10-88

Step02 图片上传完毕后，可以根据需求调整图像引导参数，调整完毕后单击"Preview styles（预览风格）"图标 [Preview styles]，挑选自己喜欢的效果进行生成，如图 10-89 所示。如果都不满意，可以替换参考图像或者再次单击"Preview styles"图标，重新生成内容。

图 10-89

Step03 找到自己喜欢的风格后，将视频生成并下载。其他几个视频片段也用上述方法进行生成并下载，如图 10-90 所示。

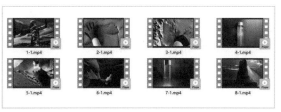

图 10-90

目前使用的是"Gen-1"模型的视频生成视频功能，也可以选择"Gen-2"的图像生成视频功能。通过调整"Camera"以及"Motion Brush"来控制视频的运动。

AI生成视频无法保证一次就能达到完美的效果，可以多生成几次，找到最理想的视频再保存下来。如果感觉资料中的视频素材及图像素材不够完善，大家还可以通过文字生成图像的AI工具，如Stable Diffusion、Midjourney等，生成自己想要的画面效果，然后通过图像生成视频功能完成创作。

2.剪辑视频

所有视频生成好之后，我们可以通过剪辑软件完成视频的剪辑并且添加一些转场，如图10-91所示。

此外，还可以通过一些剪辑手法来包装本段视频。

图10-91

"学习资源"中有剪辑好的视频片段。

10.7 课后练习：制作一个15秒的AI实验短视频

通过本章的学习，我们了解了Runway的主要功能："Gen-2"与"Gen-3"文字及图像生成视频功能、"Gen-1"视频生成视频功能、人物抠像和物体擦除功能。课后大家可以制作一个完全由AI创作的短片，具体要求如下。

首先，视频主题不限，可以模仿产品广告也可以作为随手创作。其次，视频的时间为15秒及以上，并且需要由10个以上的镜头来组成完整的画面。最后，视频中需要有完整的配乐。

10.8 章末总结

人工智能的出现对各个行业都产生了深远的影响，特别是在音视频创作领域。2024年初"Sora"的问世对整个视频创作行业产生了巨大的影响，该模型了解物体在物理世界中的存在方式，可以深度模拟真实物理世界，还能生成具有多个角色、包含特定运动的复杂场景。这也标志着人工智能在理解真实世界场景并与之互动的能力方面实现了飞跃。除此之外，Runway和Pika等AI工具不断更新迭代，创造出来的AI视频也更趋近于真实的拍摄效果。同时，2024年国内的AI视频生成模型也有了质的飞跃。比如快手旗下的"可灵AI"平台、抖音旗下的"即梦AI"平台，也能实现文字和图像转视频的功能，生成视频的效果非常不错，使用逻辑也更加符合中国人的操作习惯，大家可以去测试一下。

曾经获取视频素材通常需要进行实际拍摄或从相关视频素材网站上下载，现在这一情况已经发生了根本性变化，通过文字或图像就能够直接获取视频素材，生成的视频质量也非常不错，而且能够完全发挥想象力，创造所需的视频素材。借助Runway等AI生成平台制作视频，在很大程度上可以提高工作效率。

当前阶段，AI视频创作技术尚不完善，还存在很大的提升空间。尽管大部分由AI生成的视频在表面上看起来问题不大，但仔细观察会发现画面有扭曲或者不符合物理规律的现象存在。随着时间的推移和算法的不断更新迭代，AI生成的视频有望在未来成为商业项目的可行选择，这只是时间的问题。

虽然未来会有更加先进的AI技术涌现，但任何工具都只是辅助手段，要创作出优秀的作品，仍需要创作者不断提升审美能力和创造力。创作者不应该被AI技术限制，而应该继续开拓思维的边界！